하켄이 들려주는 4색 정리 이야기

수학자가 들려주는 수학 이야기 50

하켄이 들려주는 4색 정리 이야기

초판 1쇄 발행일 | 2008년 12월 12일
초판 20쇄 발행일 | 2021년 3월 8일

지은이 | 차용욱
펴낸이 | 정은영

펴낸곳 | (주)자음과모음
출판등록 | 2001년 11월 28일 제2001-000259호
주소 | 04047 서울시 마포구 양화로6길 49
전화 | 편집부 (02)324-2347, 경영지원부 (02)325-6047
팩스 | 편집부 (02)324-2348, 경영지원부 (02)2648-1311
e-mail | jamoteen@jamobook.com

ISBN 978-89-544-1571-2 (04410)

50 수학자가 들려주는 수학 이야기

하켄이 들려주는

4색 정리 이야기

| 차 용 욱 지음 |

(주)자음과모음

수학자라는 거인의 어깨 위에서
보다 멀리, 보다 넓게 바라보는 수학의 세계!

수학 교과서는 대개 '결과'로서의 수학을 연역적으로 제시하는 경향이 강하기 때문에 학생들은 수학이 끊임없이 진화해 왔다는 생각을 하기 어렵습니다. 그렇지만 수학의 역사는 하나의 문제가 등장하고 그에 대해 많은 수학자들이 고심하고 이를 해결하는 가운데 새로운 아이디어가 출현해 온 역동적인 과정입니다.

〈수학자가 들려주는 수학 이야기〉는 수학 주제들의 발생 과정을 수학자들의 목소리를 통해 친근하게 이야기 형식으로 들려주기 때문에 학생들이 수학을 '과거완료형'이 아닌 '현재진행형'으로 인식하는 데 도움이 될 것입니다.

학생들이 수학을 어려워하는 요인 중의 하나는 '추상성'이 강한 수학적 사고의 특성과 '구체성'을 선호하는 학생의 사고의 특성 사이의 괴리입니다. 이런 괴리를 줄이기 위해서 수학의 추상성을 희석시키고 수학 개념과 원리의 설명에 구체성을 부여하는 것이 필요한데, 〈수학자가 들려주는 수학 이야기〉는 수학 교과서의 내용을 생동감 있게 재구성함으로써 추상적인 수학을 구체성을 갖는 수학으로 변모시키고 있습니다. 또한 중간중간에 곁들여진 수학자들의 에피소드는 자칫 무료해지기 쉬운 수학 공부에 있어 윤활유 역할을 할 수 있을 것입니다.

〈수학자가 들려주는 수학 이야기〉의 구성을 보면 우선 수학자의 업적을 개략적으로 소개하고, 6~9개의 강의를 통해 수학 내적 세계와 외적 세계, 교실 안과 밖을 넘나들며 수학 개념과 원리들을 소개한 후 마지막으로 강의에서 다룬 내용들을 정리합니다. 이런 책의 흐름을 따라 읽다 보면 각 시리즈가 다루고 있는 주제에 대한 전체적이고 통합적인 이해가 가능하도록 구성되어 있습니다.

〈수학자가 들려주는 수학 이야기〉는 학교 수학 교과 과정과 긴밀하게 맞물려 있으며, 전체 시리즈를 통해 학교 수학의 많은 내용들을 다룹니다. 예를 들어 《라이프니츠가 들려주는 기수법 이야기》는 수가 만들어진 배경, 원시적인 기수법에서 위치적 기수법으로의 발전 과정, 0의 출현, 라이프니츠의 이진법에 이르기까지를 다루고 있는데, 이는 중학교 1학년의 기수법의 내용을 충실히 반영합니다. 따라서 〈수학자가 들려주는 수학 이야기〉를 학교 수학 공부와 병행하면서 읽는다면 교과서 내용의 소화 흡수를 도울 수 있는 효소 역할을 할 수 있을 것입니다.

뉴턴이 'On the shoulders of giants'라는 표현을 썼던 것처럼, 수학자라는 거인의 어깨 위에서는 보다 멀리, 넓게 바라볼 수 있습니다. 학생들이 〈수학자가 들려주는 수학 이야기〉를 읽으면서 각 수학자들의 어깨 위에서 보다 수월하게 수학의 세계를 내다보는 기회를 갖기 바랍니다.

홍익대학교 수학교육과 교수 | 《수학 콘서트》 저자 **박 경 미**

세상의 진리를 수학으로 꿰뚫어 보는 맛
그 맛을 경험시켜 주는 '4색 정리' 이야기

수학자가 종이와 연필로 증명하지 못해서 컴퓨터의 힘을 빌려 증명할 수밖에 없었던 최초의 수학 문제는 무엇일까요?

사실 이 물음의 답을 아는 사람은 수학 분야에 한 발을 걸친 사람들뿐일 것입니다. 정답은 '4색 문제' 입니다. 혹시 들어 보셨나요? 4색 문제를 간단히 설명하면 다음과 같습니다.

4색 문제

평면 위에 그려진 우리나라의 지도를 인접한 도시끼리 같은 색으로 색칠하지 않고 모든 도시를 색칠하려면 최소한 몇 가지 색을 준비해야 할까?

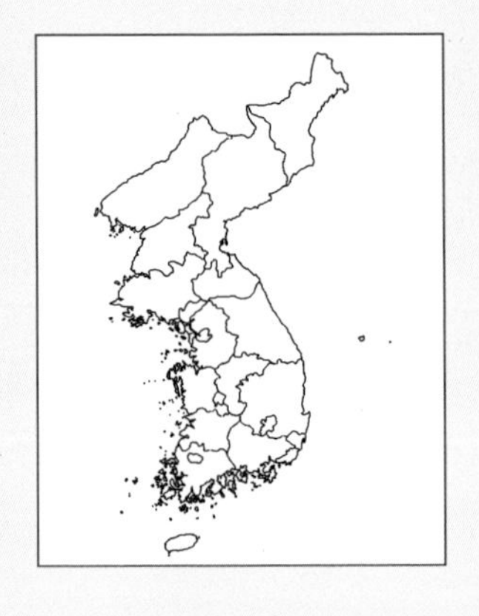

쉬워 보이죠? 여러분도 한번 앞의 그림으로 시도해 보세요. 아마 네 가지 색, 그러니까 4색이면 충분히 규칙대로 색칠할 수 있을 겁니다. 어떤 그림은 2색, 3색만 있어도 가능합니다.

하지만 특정한 지도가 아니라 아무렇게나 그려진 지도에도 4색만 있으면 충분히 인접한 나라 또는 도시와 다른 색으로 색칠할 수 있을 거라는 예상은 수학자들을 흥분시켰습니다. 많은 수학자들이 이 문제를 증명하고자 힘을 쏟았습니다. 그리고 그 결과……,

1850년 첫 등장 이후 120년 동안 증명 실패!!

4색 문제의 답이 Yes임을 증명하는 데는 자그마치 120년이라는 세월이 필요했습니다. 그렇게 오랜 시간이 걸릴 것이라고는 그 문제의 해결에 뛰어든 어느 수학자도 예상치 못했습니다. 그리고 그 증명에 컴퓨터가 사용될 줄은 더더욱 예상하지 못했습니다. 4색 문제를 최초로 증명하는 데 성공한 수학자는 1976년 여름, 케네스 아펠Kenneth Appel과 울프강 하켄Wolfgang Haken입니다. 재미있는 것은 당시 수학자들 누구도 그들의 증명을 이해하지 못했다는 겁니다. 증명 과정을 쓴 책에는 수천 줄의 프로그래밍과 그림이 대부분이었습니다. 하지만 그 증명 속에는 도형을 연구하는 새로운 수학 기법인 '위상수학'과 '그래프 이론'의 정수가 담겨 있습니다.

이 책은 4색 문제의 시작과 끝을 열 시간의 수업을 통해 소개하고 있습니다.

첫 번째부터 세 번째 수업 시간에서는 4색 문제가 무엇인지 소개하고 있습니다. 수학 공식이나 수식 없이 최대한 여러분들이 4색 문제를 쉽게 이해할 수 있도록 구성했습니다.

네 번째부터 여섯 번째 수업 시간에는 4색 문제를 증명하기 위해 도입한 새로운 수학적 도구인 '그래프'를 설명하고 있습니다. '그래프'는 수학자들이 문제 해결을 위해 문제를 단순화하여 꼭 필요한 것만을 뽑아내는 문제 풀이 기법입니다.

일곱 번째, 여덟 번째 수업은 증명의 역사를 설명합니다. 조금 전에도 말씀드렸듯이 4색 문제는 인간이 최초로 컴퓨터의 힘을 빌려 증명한 최초의 수학 문제입니다. 하지만 이 책에서는 컴퓨터를 이용한 증명을 소개할 때, 전문적인 컴퓨터 이론이나 프로그램을 설명하지 않았습니다. 그리고 증명 과정에서 드러난 많은 수학적 이론 또한 필요한 때를 제외하고는 최대한 생략했습니다. 최대한 여러분의 연습 과정에서 이해할 수 있을 내용으로 채웠습니다.

아홉 번째 수업은 색칠하는 문제를 이용해서, 생활 속에서 등장하는 골치 아픈 문제를 어떻게 해결하는지 보여 줍니다.

마지막 열 번째 수업은 우리들의 사고를 확장하여 구면이나 튜브 표면에도 지도를 그립니다.

이 책을 볼 때는 되도록 연습장과 연필을 옆에 준비해 두세요. 복잡한 계산이 필요하지는 않습니다. 이 책의 진행과 함께 지도와 그래프를 그리고 색칠하는 아주 간단한 연습을 합니다. 수학적 상상력과 창의력은 여러분들의 자발성과 흥미를 통해 자라납니다. 하켄 선생님과 두 어린이들이 문제를 풀 때 함께 풀어 보고, 그래프를 그릴 때 함께 그리고, 또 함께 고민해 가다 보면 어느새 마지막 열 번째 수업에 들어가 있을 거라 확신합니다.

2008년 12월 차 용 욱

차례

1 이 책은 달라요

《**하켄이 들려주는 4색 정리 이야기**》는 4색 정리가 탄생한 때부터, 증명이 완료된 120년 동안의 전 과정을 일목요연하게 담고 있습니다. 많은 수학자들의 노력과 결과물인 4색 정리의 증명은 물론, 그 과정에서 얻게 된 소중한 결실인 '그래프 이론'에 이르기까지 우리 실생활에서 적용할 수 있는 여러 방법들에 대해 친절히 설명하고 있습니다. 그리고 수학 이론을 증명할 때에는 수식과 기호를 최대한으로 배제하였고, 대신 색칠하기와 그래프 그리기 등 학생들이 실제적으로 느끼고 배울 수 있는 방법들을 적극 사용하였습니다.

2 이런 점이 좋아요

1 '4색 정리'는 미해결 수학 문제 중에서도 일반인들에게 가장 널리 알려진 문제 중 하나입니다. 4색 정리는 지도를 색칠하는 단순한 '색칠

문제' 가 아니라, '그래프 이론' 이라는 새로운 수학 분야의 한 축을 탄생시킨 모체로서 매우 큰 중요성을 가진 문제입니다. 그래서 이 책에서는 간단한 색칠 문제에서부터 시작하여 심오한 '그래프 이론' 에 이르기까지 4색 정리에 대해 체계적으로 알아갈 수 있는 과정을 설명하고 있습니다.

2 그래프 이론은 고등학교 교육과정의 '이산수학' 에서 등장합니다. 교과서에서 보았던 그래프 이론이 태어난 배경과 그 쓰임새를 되새길 수 있게 하였습니다. 특히, 딱딱한 증명이 아닌 색칠하기, 그래프 그리기 등 학생들이 적극적으로 활동하여 참여할 수 있는 내용들이 포함되어 있기 때문에 그 내용을 쉽게 이해할 수 있습니다.

3 이공계 진학을 목표로 하는 고등학생들에게는 수학이 실생활에서 어떻게 활용될 수 있는지 명쾌하게 보여 줍니다. 또한, 문제를 해결하는 과거 수학자들의 노력과 시행착오를 간접적으로나마 체험함으로써 향후 이공학도로서의 자질과 포부 그리고 문제 해결력을 키워나갈 수 있습니다.

4 '4색 정리' 는 수학 전공자뿐만 아니라 일반 사람들이 읽기에도 무리가 없을 정도로 문제가 쉽고, 또 교양과학으로서 손색이 없는 훌륭한 상식입니다.

5 4색 정리에 동반되는 그래프 이론과 그래프의 색칠하기 문제는 많은 논리력과 창의력을 요구하기 때문에 수학적 영재성을 향상시키는 데 큰 도움이 됩니다.

3 교과 과정과의 연계

구분	학년	단원	연계되는 수학적 개념과 내용
초등학교	1–나	도형	평면도형의 모양
	2–나	표의 작성	간단한 다각형과 정다각형
	3–나	문제 해결 방법	문제를 여러 가지 방법으로 해결하기
	3–나	규칙성과 함수	규칙 찾기
	4–나	공간 감각	다각형
중학교	7–가	문자와 식	문자의 사용, 일차방정식의 풀이와 활용
	7–나	기본 도형	점, 선, 면
	8–가	문자와 식	일차부등식과 연립일차부등식
고등학교	10–가	명제	명제의 뜻, 명제의 역, 이, 대우
	10–가	부등식	연립일차부등식
	수 I	알고리즘과 순서도	알고리즘
	실용수학	생활 문제 해결	생활 문제 해결
	이산수학	그래프	그래프의 뜻, 여러 가지 그래프, 색칠 문제

4 수업 소개

첫 번째 수업_워터 큐브를 색칠하자

두 학생의 대화를 따라가면서 4색 정리 이야기를 시작합니다.

- 공부 방법 : 두 학생의 대화를 따라가면서 4색 정리 이야기에 발을 들여놓습니다.

두 번째 수업_4색 정리란?

4색 정리가 무엇인지 알아보고, 어떻게 미해결 문제로 남게 되었는지 알아봅니다.

- 선수 학습

  명제 : 논리적 판단의 내용과 주장을 언어나 기호로 표현한 문장으로, '1은 짝수이다', '모든 짝수는 2로 나누어떨어진다'와 같은 표현이 주로 사용됩니다. 일반적으로 명제는 '참, 거짓'을 알 수 있는 문장을 뜻합니다. 하지만, 참인지 거짓인지를 알고자 하는 문장도 명제로 간주할 때가 있습니다. 또한 명제는 '아마', '약간', '대부분' 같은 모호한 표현을 사용하지 않고 최대한 간결하고 명확하게 표현한 문장입니다.

  증명 : 어떤 명제가 참인지 거짓인지를 알아내는 과정을 말합니다.

이 과정에는 수학이나 논리의 기본 원리가 사용됩니다.

• 공부 방법 : 지도 색칠하기를 통해 4색 정리가 무엇인지를 직접 알아봅니다. 이와 함께 4색 정리를 증명할 때 주의해야 할 것에 대해서 알아봅니다.

• 관련 교과 단원 및 내용

– 10-가 '명제'

세 번째 수업_다섯 왕자 이야기

드 모르간이 최초로 시도했던 4색 정리의 증명을 이야기로 배웁니다.

• 선수 학습

집합 : 어떤 주어진 조건에 의하여 대상을 분명히 정할 수 있는 것들의 모임을 말합니다.

원소 : 집합을 이루고 있는 대상 하나 하나를 말합니다.

부분집합 : 집합 A의 모든 원소가 집합 B의 원소가 될 때, 집합 A를 집합 B의 부분집합이라 합니다.

공집합 : 원소가 하나도 없는 집합으로 파이ϕ를 사용해 나타내는 유한집합입니다.

• 공부 방법 : 드 모르간의 증명이 어디서 틀렸는지를 이해하고, 이 증명과 관련한 두 가지 이야기를 따라 직접 실험해 봅니다.

• 관련 교과 단원 및 내용

– 이산수학 '그래프'

네 번째 수업_구름을 걷어 내니 태양이 보였다

위상수학과 그래프의 뜻을 알아보고 직접 지도를 표현하는 그래프를 그려 봅니다.

- 선수 학습 : 다각형 또는 다면체의 꼭짓점, 선모서리, 면
- 공부 방법 : 선생님의 설명을 따라가면서 위상수학과 그래프의 뜻을 공부합니다. 또한 주어진 지도를 그래프로 나타내는 활동과 함께 두 그래프가 같은 그래프인지를 직접 그려 가며 조사합니다.
- 관련 교과 단원 및 내용

– 7-나 '기본 도형'의 점, 선, 면

– 이산수학 '그래프'

다섯 번째 수업_드 모르간의 추측 증명 I

모든 그래프가 평면 지도를 만들어 내지는 않습니다. 평면 그래프, 완전 그래프의 뜻을 공부하고 드 모르간의 추측이 참임을 그림으로 알아봅니다.

- 공부 방법 : 그래프를 지도로 바꾸는 연습을 합니다. 그리고 지도로 바꿀 수 없는 그래프가 있음을 이해하고, 선생님의 설명을 따라가면서 그래프의 종류를 배웁니다.
- 관련 교과 단원 및 내용

– 이산수학 ‘그래프’

여섯 번째 수업_드 모르간의 추측 증명Ⅱ – 그래프가 갖는 법칙들

그래프의 꼭짓점, 변, 면의 개수를 이용하여 오일러의 공식과 평면 그래프가 갖는 고유한 성질을 학습합니다.

- 선수 학습

  문자식 : 문자를 사용하여 나타낸 식을 말합니다.

  부등식 : 부등호를 이용하여 나타낸 식을 말합니다.

  간접증명법 : 어떤 명제가 성립함을 증명하고 싶을 때, 가정假定에서 차근차근 순서를 따라가며 추론하여 결론을 이끌어내는 증명기법을 직접증명법, 결론을 부정해서 모순을 유도함에 따라 주어진 명제가 참이라는 것을 증명하는 방법을 간접증명법이라고 합니다.

- 공부 방법 : 선생님의 설명을 따라가면서 두 학생과 더불어 문제를 연습하고 평면 그래프가 갖는 성질을 증명합니다.

- 관련 교과 단원 및 내용

– 7–나 ‘기본 도형’의 점, 선, 면

– 8–가 ‘일차부등식과 연립일차부등식’

– 10–가 ‘명제’의 역, 이, 대우

– 이산수학 ‘그래프’

일곱 번째 수업_착색수Chromatic number

그래프의 착색수를 계산해 보고 착색수를 구하는 알고리즘algorithm 절차, 방법을 이해합니다.

- 선수 학습

  알고리즘 : 어떤 문제를 해결할 때 그 처리 순서를 정해서 하면 훨씬 해결 가능성이 높아집니다. 문제 해결에 필요한 처리 과정의 순서를 단계적으로 정리한 것을 알고리즘이라고 합니다.

- 공부 방법 : 두 학생과 함께 직접 그래프를 색칠하면서 착색수를 구합니다.

- 관련 교과 단원 및 내용

– 수 I '알고리즘과 순서도'

– 이산수학 '그래프'

여덟 번째 수업_4색 정리의 증명 그리고 컴퓨터

4색 정리의 증명에 사용된 원리와 기법을 학습합니다.

- 선수 학습

  간접증명법 : 어떤 명제가 성립함을 증명하고 싶을 때, 가정假定에서 차근차근 순서를 따라가며 추론하여 결론을 이끌어내는 증명기법을 직접증명법, 결론을 부정해서 모순을 유도함에 따라 주어진 명제가 참이라는 것을 증명하는 방법을 간접증명법이라고 합니다.

정리 Theorem : 어떤 명제 또는 문제가 참이라고 증명되었을 때, 그것을 '정리'라고 합니다. 4색 정리는 1976년 이전에는 '문제'였지만, 참이라고 증명되면서부터 '4색 정리'가 되었습니다.

- 공부 방법 : 두 학생과 함께 선생님의 설명을 들으며 4색 정리를 증명하는 원리와 컴퓨터가 증명에 사용되는 기법을 학습합니다.
- 관련 교과 단원 및 내용

– 이산수학 '그래프'

아홉 번째 수업_색칠 문제

실생활 문제를 해결하면서 그래프 색칠 문제가 응용되는 사례를 이해합니다.

- 공부 방법 : 선생님이 내 준 실생활 문제를 두 학생과 함께 풀어 보면서 색칠 문제가 어떻게 실생활 문제 해결에 사용되는지 학습합니다.
- 관련 교과 단원 및 내용

– 이산수학 '그래프'

열 번째 수업_튜브에 그린 지도는 최소한 몇 가지 색이 필요할까?

구면, 공간, 튜브에 지도를 그렸을 때 최소로 필요한 색의 수를 구할 수 있습니다.

• 선수 학습

토러스 Torus : 평면 위에 있는 원을 원의 내부와 교차하지 않는 평면 위의 직선을 축으로 회전하였을 때에 만들어지는 3차원 도형의 곡면을 말합니다. 흔히 튜브, 도넛이라고도 합니다.

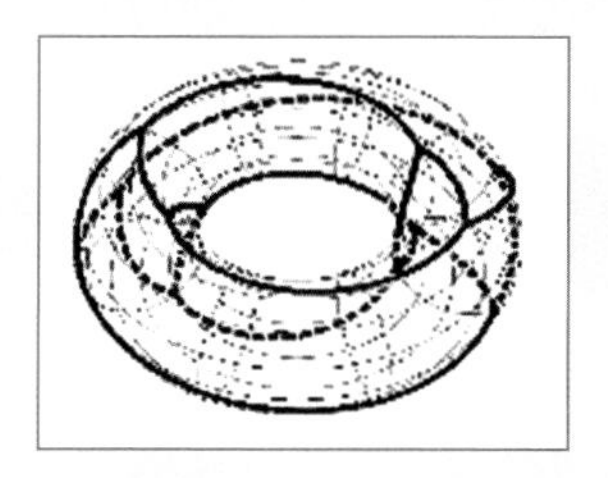

• 공부 방법 : 선생님이 내 준 과제를 두 학생과 함께 풀어 가면서 튜브에 지도를 그려 보는 방법을 학습합니다.

• 관련 교과 단원 및 내용

– 이산수학 '그래프'

하켄을 소개합니다

Wolfgang Haken (1928~현재)

'아무리 복잡한 모양이라도

평평한 종이 위에 그릴 수 있는 지도라면

어떤 것이든 항상 네 가지 색깔만으로

맞닿은 두 지역이 서로 다른 색이 되도록 칠할 수 있다.'

이 한 문장을 증명해내기 위해 수많은 수학자들은

백 년이 넘는 시간 동안 고민을 거듭했습니다.

그리고 1976년 미국 일리노이 대학 교수인 볼프강 하켄과 케네스 아펠은

드디어 위의 '4색 문제'를 증명해 '4색 정리'로 이름을 바꾸어 놓았습니다.

그 증명의 과정은 수백 쪽에 이르는 글과 그림,

그리고 컴퓨터 프로그래밍이 포함된 것으로

컴퓨터 계산만도 1,200시간이 넘을 정도로 길고 고단한 과정이었습니다.

여러분, 나는 하켄입니다

여러분 안녕하세요? 나는 볼프강 하켄이라는 수학자입니다.

수학에는 여러 분야들이 있지만 나는 그중에서 위상수학이라는 것을 전공하였답니다. 여러분은 위상수학이라는 말을 아마 처음 들어 볼 것이에요. 물론 내가 앞으로 수업을 진행하면서 얘기하겠지만, 여기서 간단히 설명하자면 위상수학이란 여러 도형들, 즉 삼각형이나 원 같은 수학적 대상들의 일반적인 성질을 다루는 기하학과 미적분학을 합쳐 놓은 분야라고 보면 될 겁니다. 특히 평면에서 존재하는 수학적 대상을 연구하는 위상 수학을 '고무판 기하학'이라고 부른답니다. 예를 들어, 어떤 고무판으로 만든 삼각형이 있다고 합시다. 이 삼각형을 찢거나 접지 않고, 조심조심 늘여서 모양을 다듬으면 원으로 만들 수 있습니다. 이때 위상수학에서는 원과 삼각형을 같은 집단으로 분류합니다. 반면에 고무판으로 만든 커피잔같은 경우는 절대 삼각형처럼 만들 수 없습니다. 대신 커피잔은 튜브, 그러니까 구멍이 하나 뚫린 도형과 같은 집단으로 분류합니다. 그래서 어떤 사람들은 우리를 튜브와 커피잔도 구분 못하는 수학자들이라고 놀리곤 한답니다.

1940년대 후반 위상수학에는 세 개의 큰 미해결 문제가 있었습니다. 하나는 '매듭 이론Knot Theory', 다른 하나는 '푸앵카레의 추측Poincaré Conjecture' 그리고 나머지 하나가 바로 이 책에서 다룰 '4색 문제Four-color Problem'입니다. 참고로, 두 번째 문제인 푸앵카레의 추측은 미국의 클레이 연구소가 현상금 100만 달러를 걸었던 7대 미해결 문제 중 하나로, 최근에 러시아 수학자에 의해 증명되었습니다.

나 또한 위상 수학자로서 이 세 문제의 해결에 매달렸습니다. 그리고 세 가지 모두에서 괄목할 만한 성과를 만들어 냈습니다. 그런데 두 번째 푸앵카레의 추측 증명은 끝내 완성하지 못했습니다. 99%까지 완료했다고 생각한 순간 거짓말처럼 골리앗은 다시 일어서서 나의 앞을 가로막더군요. 하지만 나는 첫 번째 골리앗과 세 번째 골리앗과의 싸움에서만은 이겨냈지요.

사실 세 번째 골리앗인 '4색 문제'와는 7, 8년 가까이 싸웠지만 전혀 이길 가망이 없어 보였습니다. 그런데 나에게 너무나 소중한, 수학자이자 컴퓨터 공학자인 '케네스 아펠Kenneth Appel'이라는 동료를 만나게 되어 마침내 '4색 문제'라는 골리앗을 무너뜨릴 수 있게 되었습니다. 이때부터, '4색 문제'는 '4색 정리'로 부르게 되었습니다. 참고로, 어떤 문제를 풀었고, 그 풀이가 올바르다고 인정될 경우, '문제'를 '정리'로 이름 붙입니다. 비록 지금은 나 혼자 여러분에게 4색 정리를 이야기해 주고 있지만, 4색 정리를 최초로 증명한 사람은 나와 아펠이라는 것을 잊지 말아 주세요.

내가 이 자리에서 여러분들에게 당부하고 싶은 것은 문제를 해결할 때, 끈기를 가지고 덤비라는 것입니다. 풀리지 않는 문제, 나를 힘들게 하는 문제가 있더라도 끝까지 포기하지 않고 매달리는 자세가 중요합니다. 물론 현대의 기술과 인간의 노력으로도 해결할 수 없는 문제들이 존재합니다. 하지만 언젠가는 반드시 그 문제를 해결할 수 있다는 마음가짐이야말로 문제를 해결하는 가장 최첨단의 기술이라는 것을 꼭 기억하세요.

이 책에는 많은 수학자들이 4색 정리를 증명하기 위해 밟았던 시행착오와 노력이 담겨 있습니다. 학생인 여러분은 수학적인 지식을 쌓는 것도 물론 중요하지만, 그 전에 수학 문제를 대하는 태도에 있어 앞선 수학자들의 숨은 노력과 열정을 느끼고 배우는 것도 매우 중요하다고 생각합니다.

안녕하세요?
위상수학을 전공한 볼프강 하켄이라고 합니다.
위상수학이 뭐냐고요?
여러 도형들의 일반적인 성질을 다루는 기하학과 미적분학을 섞은 것이라고 보면 됩니다.
여기 고무판으로 만든 삼각형이 있습니다.
이 삼각형을 조심조심 늘여서 원으로 만들어 볼까요?
척!
위상수학에서는 원과 삼각형을 같은 집단으로 분류합니다.
조물락
조물락
하지만 고무판으로 만든 커피잔은 결코 삼각형으로 만들 수 없습니다.
위상수학에서 커피잔은 튜브, 그러니까 구멍이 하나 뚫린 도형들과 같은 집단으로 분류합니다.
1940년대 후반 위상수학에서는 세 가지의 큰 미해결 문제가 있었습니다.
매듭 이론
푸앵카레의 추측
4색 문제
바로 이것들이죠.
나는 위상수학자로서 세 가지 문제의 해결에 도전했습니다.
열공!
열공!
하지만 푸앵카레의 추측은 최근에 와서야 러시아 수학자에 의해 증명되었죠.
별 것 아냐.
그레고리 페렐만
나는 4색 문제에 관해 10여년에 걸친 도전을 계속했지만 결국 그것을 해결해내지는 못했습니다.
4색 문제는 절대 증명해 낼 수 없어.
하켄이 불가능한 일에 매달리고 있군.
흥

다음 장으로 ☞

아펠, 나와 함께
4색 문제 증명에
도전해 보세.
좋지.
그리고 나는 드디어
4색 문제의 증명에
성공하고야 맙니다.
A
C
D
B
B
A
만세!!
수학에서
중요한 건 바로
끈기랍니다.
아무리 어려운
문제라도 포기하지
않고 끝까지 매달리는
정신!
여러분, 지금부터 나와 함께
끈기의 결과물인 4색 정리에
관하여 알아봅시다.

워터 큐브를 색칠하자

2008 베이징 올림픽에서 본 워터 큐브를 통해서
4색 정리의 기본 개념을 배워 봅니다.

워터 큐브 수영장의 벽에서 수학 문제를 만듭니다.

"너 어제 수영 결승전 봤니?"

"응, 지금 생각해 봐도 좋아 죽겠어!"

주미와 민수는 어제 TV에서 중계한 베이징 올림픽에 대해서 이야기하고 있었습니다. 우리나라는 그동안 유독 육상과 수영에서는 금메달을 따지 못 했습니다. 그런데 드디어 2008년 베이징 올림픽에서 박태환 선수가 수영에서 처음으로 금메달을 획득하는 쾌거를 이루어냅니다. 그것도 세계적인 기량을 자랑하는 서양 선수들이 즐비한 400m 자유형에서 말입니다.

"그런데 주미야. 베이징 올림픽 수영장을 뭐라고 부르는지 알고 있니?"

"응, 들어 봤는데 뭐였더라? 아! 큐브! 워터 큐브! 수영장 모양이 육면체라서 그렇게 이름 붙였다고 하던데? 정육면체를 영어로 '큐브cube'라 하잖아."

"그래 맞아. 정말 멋지게 생기지 않았니? 게다가 밤에는 카드섹션 하듯이 색깔이 변해서 정말 아름다워. 벽면에 글자도 나타낼 수 있대."

"어제 인터넷으로 워터 큐브에 대해서 알아봤는데 물방울처럼 생긴 3500여개의 반투명 플라스틱 주머니가 벽으로 장식돼 있어서 다양한 색상의 조명이 아름다운 광경을 만드는 거래."

"맞아. 그런데 각 주머니마다 색깔을 넣었는데 신기한 모양이 되는 걸 봤어. 우리 집 프린터로 뽑았는데 어디 있더라?… 여기 있다!"

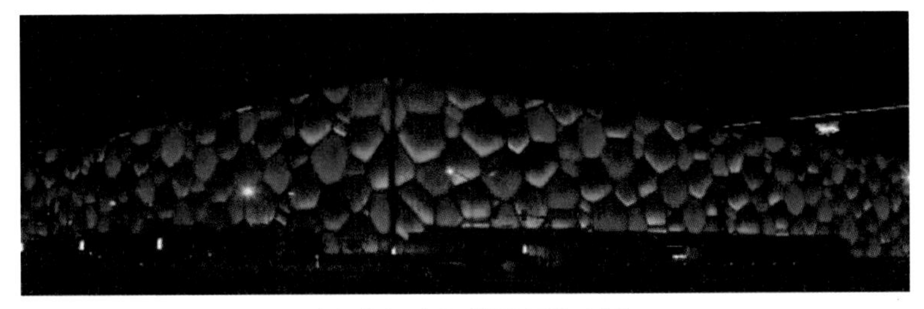

민수가 보여 준 워터 큐브 사진

"이것 봐. 이렇게 많은 물방울 주머니마다 각각 색깔을 넣어 놓았는데, 또 바로 옆에 붙은 주머니들이랑은 서로 같은 색을 칠하지 않았어."

다음 장으로 ☞

"정말 그렇네? 저렇게나 많은 주머니들을 다 채우려면 도대체 몇 가지 색깔이나 있어야 하는 거지? 빨간색, 파란색, 초록색, 노란색, 보라색 ……. 어? 다섯 가지 색깔밖에 없잖아. 아 잠깐. 여기 조그만 주머니는 같은 색인걸? 이것 봐, 규칙이 깨졌어."

"거기도 내가 말한 규칙이 맞게끔 색칠해 버리지 뭐. 어떤 색으로 하면 될까 ……. 빨간색, 파란색, 노란색, 초록색이 다 겹쳐 있으니 보라색으로 하면 되겠다."

민수는 사진 위의 한곳에 화살표로 표시하여 '보라'라고 적었습니다.

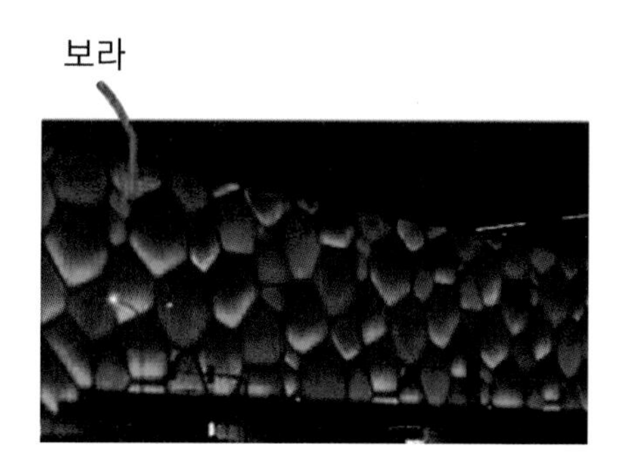

"그럼, 나머지도 색깔을 바꿔서 내가 말한 규칙으로 칠할 수 있겠네."

어느새 화살표와 색깔 이름이 더해진 사진을 들고서 민수는 자랑스레 말합니다.

"그럼 색깔은 다섯 가지로 충분한 건가? 신기하네. 구역을 이렇게 많이 나눴는데도 서로 붙은 부분은 다른 색으로 다섯 가지 색이면 충분히 칠할 수 있다니 말이야. 그건 그런데 사람들은 참 이상해. 처음부터 여러 가지 색깔로 칠하면 될 것을 왜 굳이 골치 아프게 다섯 가지 색깔만 쓴 것일까? 참 나 원……."

그래. 니들 말도 맞다. 그렇긴 하지만 그래도 재미는 있지 않니? 아무 생각 없이 색칠하는 것보다 어떤 규칙에 따라 그려 보는 것도 말이야. 게다가 또 그렇게 했더니 어떤 변하지 않는 신기한 현상을 발견하게 되는 경우는 더더욱 말이지.

"어? 아저씨, 아니…… 할아버진 누구시죠?"

아, 이런. 내가 소개 없이 불쑥 등장하고 말았군. 내 이름은 볼프강 하켄이라고 한단다. 간단히 하켄이라고들 하지. 너희들이 하는 얘기가 하도 흥미롭고 재미있어서 그만 인사도 없이 불쑥 등장하고 말았어. 너희들이 하는 얘기는 나도 꽤나 재미있게 했던 색칠 놀이거든.

"그래요? 외국 할아버진데 우리말을 잘하시네요. 그런데 어떻게 할아버지면서 이런 색칠 놀이를 즐기세요?"

그나저나 지금 너희들 어디 가는 길이니?

"여기 앞 도서관이요."

그래? 잘 됐다. 할아버지랑 같이 가서 우리 색칠하는 것 마저 해 보지 않을래? 대한민국 아이들의 수학 실력이 매우 뛰어나다고 들었는데 정말 그런 것 같구나. 아, 나는 수상한 사람이 아니니 걱정은 하지 마라.

민수와 주미는 황당하기는 했지만 왠지 재미있을 것 같다는 느낌이 들어 하켄 선생님의 제안을 흔쾌히 받아들였습니다.

"그런데 할아버지. 아까부터 왜 자꾸 색칠 놀이를 수학이라고 하세요? 이건 그림이에요. 색칠하는 미술인걸요."

허허, 그래 너희들 말대로 색칠은 주로 미술에서 다루고 있지. 하지만 색칠하는 규칙에 대해서 생각해 보는 것은 '수학' 에 속할 수 있단다. 그것도 매우 재미있는 수학 분야에 말이지. 예를 들어, 너희들이 조금 전에 이야기했던 워터 큐브 벽면을 다섯 가지 색만으로 충분히 색칠할 수 있다는 이야기 말이지. 사실 네 가지 색이면 충분하단다.

"어! 이상한데요? 아까와 같은 경우에 네 가지 색깔만 쓴다면 결국 같은 색깔로 칠해지는 맞닿은 구역이 생기는걸요?"

그래, 이미 색칠이 되어 있는 곳이 있는 경우엔 그렇단다. 하지만 이미 색칠이 되어 있는 곳의 색깔을 바꾸면 네 가지 색깔만으로도 충분히 가능해지지. 얘야, 아까 보았던 사진을 다시 꺼내 보거라.

앗! 작은 주머니의
색깔은 겹쳤어.
보라색으로
칠하면 겹치지
않아.
맞아. 그러면 되겠다.
역시 다섯 가지 색깔
이면 충분해.
하하! 재미있는
수학 공부를 하고
있구나.
우리는 수학 공부가
아니라 색칠을 하고
있는데요. 미술
공부예요.
색칠하기는 미술이지만
색칠하는 규칙과 그때
필요한 색깔의 가짓수를
구하는 것은 수학이란다.
그것도 매우
재미있는 수학
이지. 하하하!!
하
하
이상한
할아버지다.
응.
나는 이상한
할아버지가 아니라
색칠하기를 좋아하는
볼프강 하켄이란다.
벽에 있는 주머니를 서로
맞닿은 부분은 다른 색으로
색칠하는 데 다섯 가지 색깔
이면 충분하다고 했지?
아냐, 네 가지
색깔이면 충분하단다.
네?
네 가지면 된다고요?

하켄 선생님은 민수가 가지고 있던 사진 위에 화살표를 한 다음에 무엇인가 적기 시작하였습니다. 조금 전에 민수가 썼던 '보라' 라는 글자를 지우면서 말이죠.

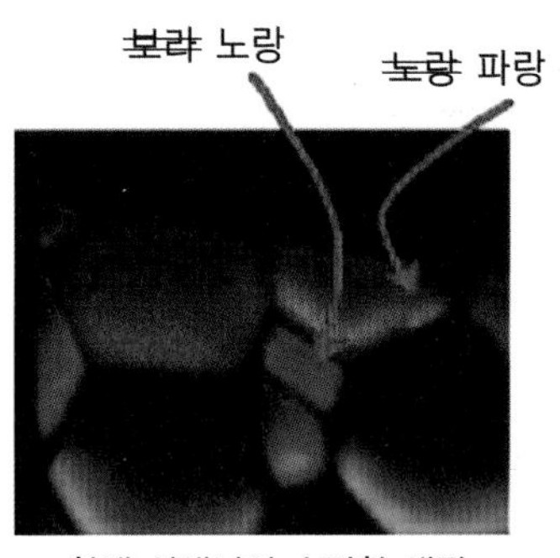

하켄 선생님이 수정한 색깔

"와! 정말 그렇게 하면 되겠네요? 어, 그런데 이미 보라색으로 색칠된 곳은 어떻게 해요? 거기도 이렇게 주변 색깔을 바꿔서 그리면 보라색 없이도 그릴 수 있나요?"

물론, 충분히 가능하단다. 우리가 지금 하는 이야기들은 이미 수학에서 증명된 이야기들이거든. 대신 그 뒷이야기는 도서관에 가서 계속해 볼까?

첫번째

수업 정리

약 3500여개의 아름다운 물방울 모양으로 장식된 벽을 가진 워터 큐브를 각 조각별로 서로 맞닿은 조각끼리는 다른 색으로 칠하려면 모두 몇 가지 색이 필요한지 아래 그림에 직접 색칠을 해 보며 생각해 봅니다.

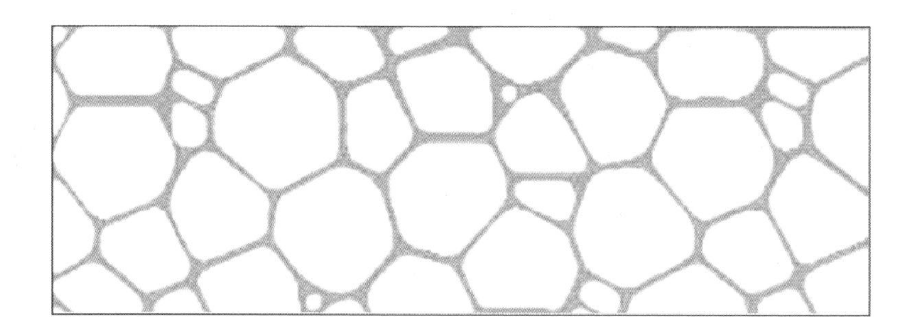

4색 정리란?

평면에 그려진 지도를 칠하는 가장 적은 색깔의 수를 알아봅니다.

두 번째 학습 목표

1. 4색 정리가 무엇인지 이해합니다.
2. 평면에 그려진 간단한 지도를 가장 적은 수의 색깔로 칠할 수 있습니다.
3. 드 모르간이 시도한 최초의 4색 정리 증명을 이해합니다.

미리 알면 좋아요

명제 참과 거짓을 판단할 수 있는 말. 예를 들어, '고래는 포유동물이다'와 같은 경우를 말합니다.

하켄 선생님은 정식으로 자신을 소개했습니다.

난 수학자란다. 혹시 4색 정리라고 들어 보았니?

"아뇨."

"잘 모르겠네요."

하하, 그럴 거다. 아직 너희들에게는 어려운 내용이니까. 하지만 수학 문제 치고는 꽤 쉬운 축에 속하지. 적어도 이 문제 속에는 아무런 기호도 없으니까. 어쨌든 그 문제를 나와 내 친구인 케네스 아펠Kenneth Appel이 함께 풀었지. 세계 최초로 말이야.

"무슨 문제인지는 모르겠지만 어쨌든 수학자들은 모든 수학 문제를 다 잘 풀잖아요. 우리 담임선생님도 수학 문제 잘 풀어요."

호오~ 그렇지. 수학자라면 문제를 잘 풀어야지. 하지만 4색 정리는 100년 넘게 풀리지 않은 수학 문제였단다. 많은 수학자들이 이 문제를 풀기 위해 덤벼들었지만 실패했지. 그들이 똑똑하지 못해서라기보다는 인간의 힘만으로는 도무지 해결이 힘들었다고나 할까?

하켄 선생님은 4색 정리가 무엇인지 설명하기 시작했습니다.

아까 민수가 들고 있던 수영장의 겉모양을 평평한 종이라고 생각해 보자. 그리고 물방울 모양의 주머니를 하나의 나라라고 가정해 보자. 그러면 평면에 지도가 그려지지. 4색 정리의 시작은 지도에서부터 비롯된 단순한 문제란다.

"지도라고요?"

4색 정리를 맨 처음 얘기했던 사람은 수학자가 아니라 수학을 배우는 학생의 동생이었단다. 단순한 호기심이었지.

1850년 경, 영국의 아주 유명한 수학자 드 모르간Augustus De Morgan 1806~1871이라는 사람이 있었지. 너희들도 들어 본 적 있을 걸?

"네! 들어 봤어요. '드 모르간의 법칙!' 집합을 배울 때 들어 봤어요."

오! 상식이 매우 풍부하군. 4색 정리는 바로 그때부터 시작됐다고 할 수 있지…….

하켄 선생님은 지금으로부터 약 150년 전, 정확히는 1852년에 영국의 한 대학에서 있었던 얘기를 시작했습니다. 당시 런던의 한 대학에서 강의를 하고 있던 드 모르간은 자신의 수학 수업을 듣던 프레드릭 거스리Frederick Guthrie라는 학생으로부터 매우 흥미로운 이야기를 듣게 되었습니다.

"교수님. 제 동생, 프란시스 거스리가 저에게 편지를 보냈는데, 그 속에 문제가 하나 들어 있었습니다. 제가 풀어 보았는데 잘 풀리지 않아 교수님께 풀이를 부탁드리려고 가져왔습니다."

형, 나는 영국의 행정 구역을 표시한 지도를 가지고 있었는데 우연히 행정 구역들을 하나하나씩 색칠해 보았어. 서로 맞닿는 것끼리는 다른 색으로 칠해 보았더니 총 네 가지 색으로 칠해지더라고. 그래서 다른 지도들도 칠해 보니까 역시 네 가지 색만 있으면 되는 거야. 그럼 모든 지도는 다 네 가지 색깔만으로 색칠할 수 있을까 궁금해. 형, 나의 궁금증을 풀어 줄 수 있겠어?

4색으로 색칠한 영국 지도

드 모르간은 이 문제를 본 순간 어떤 생각이 들었을까? 매우 기쁘고 즐거워했다고 전해진단다. 하지만 그때는 이 문제의 답을 구하는 데 한 세기가 넘게 걸릴 것이라고는 결코 생각하지 못했겠지.

새칠할 때 행정구역이 맞닿아 있는 것끼리는 다른 색으로 칠해 보았더니 네 가지 색으로 칠해지더라고. 그런데 다른 지도들도 칠해 보니까 역시 네 가지 색만 있으면 되는 거야. 다른 모든 지도들도 다 네 가지 색만으로 나라를 색칠할 수 있는 걸까?

"선생님, 얘기를 들어 보니 정말 간단한 문제네요. 제가 한번 정리해 볼게요. 음, 우선 지도를 그려요. 아무 지도나 그리는 거죠. 그러다 보면 어떤 나라는 국경선이 맞닿아 있을 거고 어떤 나라는 그렇지 않겠죠? 그 다음에 각 나라를 색칠해요. 이때 국경선이 맞닿아 있으면 색깔을 다르게 칠해요. 그랬을 때 얼마나 많은 색이 필요한지 구하는 거예요."

그래, 문제를 아주 잘 정리했구나. 하지만 문제가 쉽다고 풀이도 쉬우란 법은 없단다. 너희들은 엄마가 좋아, 아빠가 좋아?

"문제는 쉽지만……, 답하기는 어렵네요."

이처럼 문제는 명확하고 귀에 쏙 들어오지만 그 풀이는 쉽게 나오지 않는 문제가 있단다. 하지만 문제가 매우 어려워 보인다고 해서 풀이가 반드시 길고 어려운 건 아니란다. 예를 들어 너희들에게 한 가지 물어 볼게. 지구상에 살고 있는 사람들의 머리카락 수를 모두 곱하면 얼마지?

"네? 사람이 60억 명이 넘는다는데 60억 개를 어떻게 곱해요! 내 머리카락도 몇 천 개, 아니 몇 만 개는 되겠다."

"게다가 어떻게 세요? 머리카락은 계속 빠지고 새로 나고 하잖아요!"

하하, 답은 0이야. 세상엔 머리카락이 없는 사람도 있지? 그 사람의 머리카락의 개수는 0이지. 제 아무리 큰 수라고 해도 0을 곱하면 답은 0이 되지.

"……."

하하, 미안. 그래 이건 넌센스였어. 예가 좀 그랬나? 크음. 그나저나 여기서 몇 가지만 더 정리하고 넘어 가자. 우선 지도를 어디에 그리느냐 하는 문제인데, 지도는 평면에 그리는 걸로 하자. 나중에 왜 그런지 알게 될 거야. 그리고 지도에 있는 대륙은 1개라고 하고. 대륙이 여러 개 있는 지도라고 해도 색칠하는 데는 서로 아무런 영향을 미치지 않기 때문이지. 바다라는 큰 녀석이 둘을 가로막고 있으니까 말이다. 또 섬나라도 하나도 없다고 하자. 모든 나라는 두 조각 이상 분리되어 있지 않다고도 하자. 실제로 미국은 캐나다를 사이에 두고 두 조각으로 나뉘어져 있지? 이런 경우는 없는 걸로 하자는 것이지. 평면 지도의 조건은 이 정도면 충분하고…….

하켄 선생님은 평면 지도에 나타나는 나라들의 조건을 얘기하였습니다.

이제 국경선, 그러니까 경계를 얘기해야겠구나. 두 나라가 서로 국경선을 공유하고 있는 부분이 있을 때, 두 나라를 '서로 맞닿아 있다', 또는 '서로 인접해 있다' 라고 얘기할게. 그런데 국경선이 맞닿아 있긴 한데 한 점에서만 닿아 있는 경우도 있을 거야. 내가 살고 있는 미국이란 나라의 주를 나눠 보면 이런 예가 나온단다.

하켄 선생님은 노트북을 켜고 인터넷을 검색하기 시작했습니다. 조금 지나 미국의 각 주州들을 표시한 지도를 모니터로 보여 주었습니다.

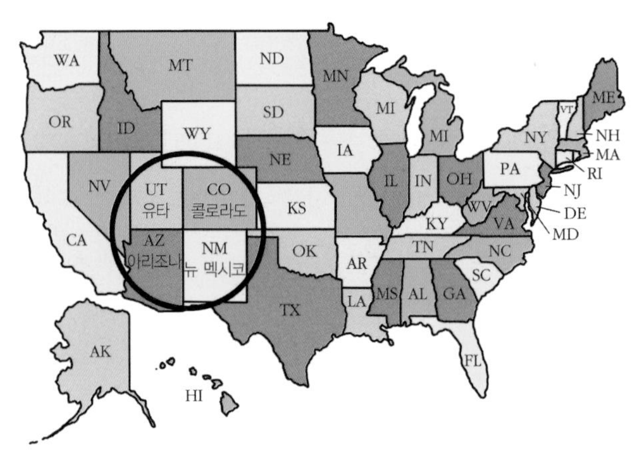

한 점에서 네 주가 만나고 있음을 보여 주는 미국 지도

우리에겐 경계선이 중요하지 주 이름은 중요하진 않으니까 각 주의 이니셜만 나와 있는 지도를 찾았단다. 자, 이곳을 보렴. 네 개의 주가 한 점에서 만나고 있지? 이 경우 맞은편에 있는 주들은, 이를테면 콜로라도 주와 애리조나 주는 만난다고 해야 할까, 안 만난다고 해야 할까?

"글쎄요. 이건 만나는 것도, 안 만나는 것도 아니네요."

"킥, 그런데 그게 중요한가 보죠? 이런 경우가 없는 지도만 생각하면 안 되나요?"

그렇지. 그런 지도는 우리의 색칠 대상에서 빼도 되지. 그래도 이왕이면 모든 지도를 다 다루는 게 좋겠지? 그래서, 사람들은 이와 같은 경우는 서로 만나지 않는 걸로 정의하기로 했어. 사실 많은 경우에 있어서 정의하기 애매한 경우도 있지. 그래서 우선 정의를 해 놓고 나중에 검증하는 경우가 많지. 사실 이 경우엔 만난다고 해도 상관없지만 증명에서는 안 만난다고 하는 게 더 낫거든.

하켄 선생님은 4색 정리의 내용과 4색 정리에서 등장하는 여러 용어들을 정리해 주었습니다.

중요 포인트

- 4색 정리 : 평면 위에 그려진 임의의 지도를 색칠하는 데 최소한 몇 가지 색이 필요할까?
- 지도 : '평면'에 그려진 지도. 지도 속에는 나라들과 나라들을 서로 구분 짓는 국경선경계선이 있다. 지도 속 나라는 국경선으로 완전히 둘러싸여 있으며, 두 조각 이상 나눠지지 않고 온전한 한 덩어리여야 한다.
- 두 나라가 맞닿아 있다또는 인접해 있다 : 두 나라가 공유하는 국경선이 존재한다. 예를 들어 중국과 북한은 맞닿아 있다. 미국과 브라질은 인접해 있지 않다. 이때 두 나라가 만나긴 하는데 한 점에서 만나는 경우는 맞닿아 있지 않다고 한다.
- 지도를 색칠한다 : 지도에 그려진 나라들을 하나의 색으로 색칠하되, 서로 인접한 나라끼리는 다른 색으로 칠한다. 예를 들어 대한민국을 두 가지 색으로 칠하면 안 된다.
- 어떤 지도가 4색으로 색칠 가능하다 : 지도를 색칠할 수 있는 최소의 색의 수가 4색이다.

하켄 선생님은 무언가를 쓱싹 그리더니 민수와 주미에게 보여 주었습니다.

내가 준 종이에 그려진 지도를 색칠해 볼래? 물론 할 수 있는 한 가장 적은 색으로 색칠하는 거야.

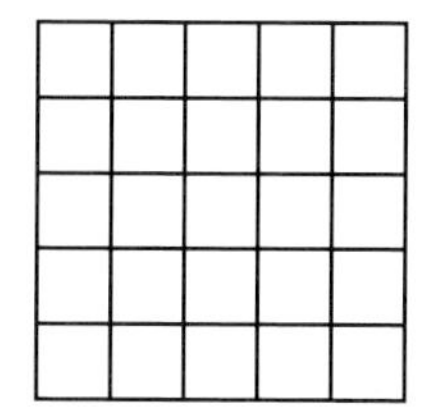

하켄 선생님이 그린 첫 번째 지도

"꼭 바둑판 모양이네요."

그렇게 보이지? 사실 4색 정리에 사용되는 지도는 평면에 그린 거라면 어떤 모양이든 괜찮단다. 물론 기본 조건은 만족해야겠지만 말이다. 국경 또한 만드는 사람 마음이지. 그래, 몇 가지 색이면 충분하겠니?

"먼저 맨 위의 왼쪽 칸에 빨간색을 칠하고요, 그 옆 칸에는 파란색을 칠할래요. 그 다음에는 어……. 아! 또 빨간색을 칠해도 되겠어요. 그 다음엔 또 파란색을 칠하고……."

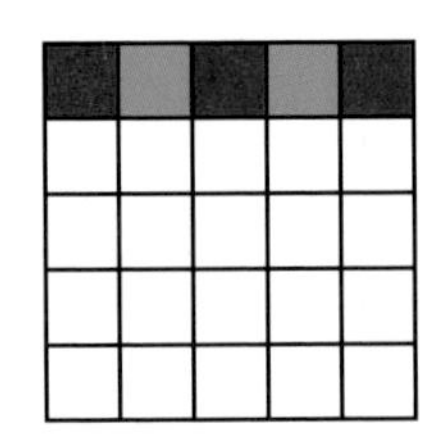

“어라. 그 다음 줄에는 빨간색과 파란색을 엇갈려 색칠하면 되겠네요.”

민수가 다음을 칠했습니다. 어느덧 첫 번째 지도 색칠이 끝났습니다.

“할아버지, 다 그렸어요. 2가지 색이면 돼요.”

그래. 잘했구나. 2가지 색으로도 색칠이 가능한 지도도 있구나. 너희들이 방금 한 것처럼 모든 지도가 4색을 써야 하는 건 아

니란다. 그럼 두 번째 지도도 색칠해 보렴. 편의상 경계가 있는 나라들 마다 번호를 매겨 놓았으니 그에 맞는 색을 붙여 보렴.

"이건 지도 같네요. 한번 해 볼게요."

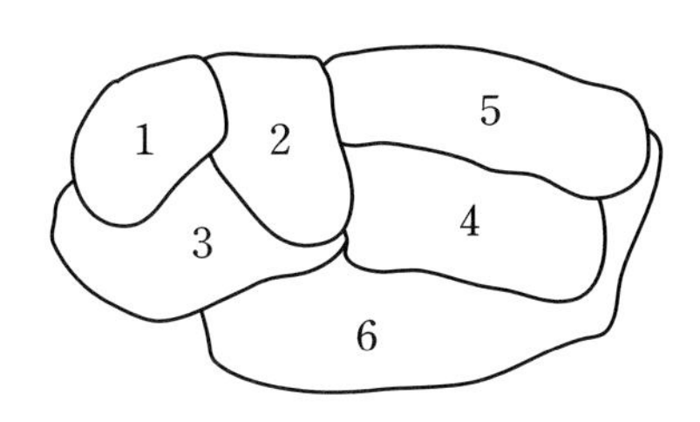

"음, 1번에 빨간색을 칠하면, 2번엔 파란색을 칠해야 하고, 3번은 빨간색과 파란색이 안 되니 노란색을 칠하면 되겠네요."

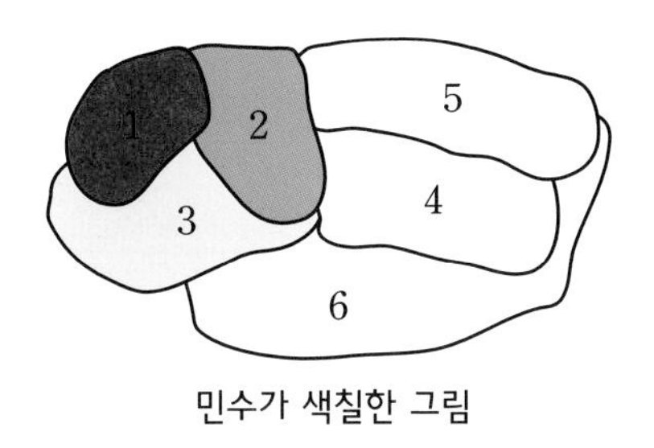

민수가 색칠한 그림

"4번엔 파란색, 노란색이 아니면 돼요. 그럼 초록색을 칠하면……. 아, 빨간색으로 해도 되겠네요. 빨간색을 칠한 1번이랑 4번이 서로 만나지 않으니까요. 그다음 5번엔 노란색, 6번엔 다른 색이 필요한가? 아! 3, 4, 5번이 노란색, 빨간색, 노란색이니까 6번에는 파란색이면 돼요! 그러니까 이 지도는 3색으로 색칠이 가능해요."

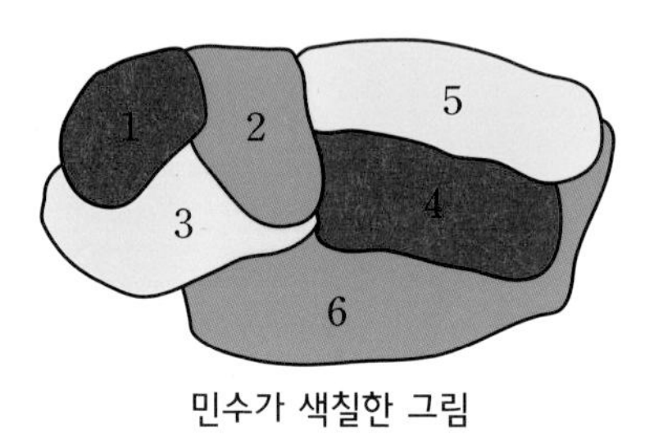

민수가 색칠한 그림

그래. 잘 했구나. 이 지도는 3가지 색으로 색칠이 가능하구나. 이처럼 최소한의 색으로 색칠하려면 이미 사용한 색을 최대한으로 활용할 수 있는 방법을 생각해야지. 그게 하나의 전략이란다.

그럼 이건 어떠니? 이번 건 좀 복잡할 거다."

"어지러워요. 눈이 빙빙 도는 것 같아요. 이걸 칠하려면 무지 어렵겠는걸요? 꼭 미로같아요."

그렇게 보이지? 이 지도는 특별한 목적으로 나온 거란다. 1970

년대 중반, 그러니까 내가 4색 정리를 증명하기 전에 한 유명한 과학 잡지 4월호에 실렸던 4색 정리의 반례였지. 그러니까 4가지 색만으로 색칠할 수 없는 지도의 예로 제시된 거란다.

"네? 그럼 4색 정리가 틀린 건가요?"

"그럼, 우리가 지금 하고 있는 게……."

아니, 얘기를 끝까지 들어 봐야지. 이 지도는 분명히 색칠하기 힘들지. 하지만 약간의 인내심만 있다면 4색으로 색칠할 수 있단다. 이렇게 말이다.

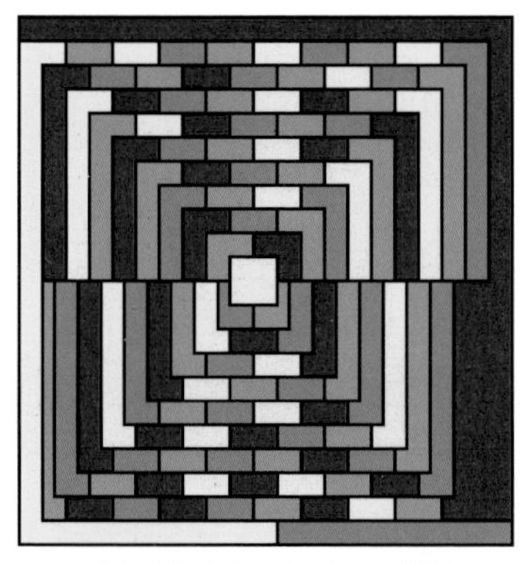

하켄 선생님이 보여 준 해답

"어라? 얼핏 봐도 빨간색, 노란색, 파란색, 초록색 네 가지 색으로 색칠이 되어 있네요. 그런데 어떻게 이게 반례라고 얘기했죠? 과학 잡지가 이상하네요."

이게 몇 월 호에 실렸다고 했지?

"4월이요."

4월 1일은?

하켄 선생님의 말에 민수와 주미는 그제야 만우절 농담인 걸 깨닫고 허탈하게 웃었습니다.

"하아! 어떻게 이런 썰렁한 농담을……."

"그래도 재미있었어요. 하지만 해결되지 않은 문제를 풀고 있는 사람들에겐 너무 했네요. 그리고 답을 모르는 사람들에게 자칫 틀린 내용을 전달할 수도 있었겠어요."

그렇게 전파된 거짓 지식 중에는 실제로 많은 사람들이 진짜인 걸로 믿었던 것들도 있단다. 어쨌든 평면에 그린 지도는 4색만 있으면 색칠이 가능해 보이지?

"네. 그냥 색칠하는 것 보다 규칙 있게 색칠하는 것도 재미있네요. 그런데 몇 개 해 보니 다 되는데 왜 증명을 해야 하죠?"

"그러게요. 게다가 증명도 색칠하는 것처럼 쉽지 않았을까요?"

사실 이건 그리 간단한 문제가 아니란다. 우리가 지금 색칠해 본 지도는 3개였지. 물론 하나는 답으로 확인한 거고. 그런데 증명해야 할 명제는 '모든 평면 지도는 4색만으로 색칠 가능하다' 이지. 때문에 한두 개 된다고 모든 게 다 된다고 말할 수는 없겠지? 확인해 봐야 하는 지도는 세계 지도나 대한민국 지도처럼 실제로 존재하는 지도뿐만 아니라 우리의 머릿속에서 그려낼 법한 지도까지도 모두 다 포함하고 있단다. 아까 만우절 농담에 사용된 바로 그런 지도들까지도 말이다.

만약 4색 문제의 답이 NO라면, 우리는 색칠하는 데 5가지 이상의 색이 필요한 평면 지도를 하나만 찾아도 된단다. 하지만 YES라면, 그러니까 모든 평면 지도가 4가지 색깔만으로 색칠할 수 있다는 게 사실임을 밝히고 싶다면, 우리는 모든 가능한 지도들을 다 조사해야 하지. 지도에 있는 나라는 100만 개가 될 수도 1억 개가 될 수도 있어. 지도의 크기가 우주만 할 수도 있다는 말이지. 나라가 1억 개인 경우에 4색으로 색칠할 수 있다고 해서 증명이 된 것도 아니야. 더 많은 나라를 이용해서 만든 지도에도 성립해야 하는지 조사해야 돼. '모든' 평면 지도에서 4색 이하의 색으로 색칠 가능한가? 이게 바로 4색 문제의 핵심이란다.

다른 얘기를 해 볼까? 옛날 과학자들은 백조나 고니는 다 흰색이라고 믿었단다. 너희들도 그렇게 생각하지?

"네. 그래서 백조잖아요?"

그렇지? 우리 주변에 있는 모든 백조는 다 흰색이지. 그래서 옛날 동물학자들도 백조와 고니는 모두 흰색이라고 믿었단다. 당시엔 그게 참이었지. 주변에 있는 모든 백조들을 조사했거든.

"그런데 아닌가요? 다른 색깔도 있었나요?"

흰색이 아닌 백조가 있었던 거야. 그것도 검은색이!

"검은색이라니! 그런데 왜 그걸 발견 못했던 거죠?"

일명 흑고니라고 불리는 검은 백조는 오스트레일리아에서 서식하는 새란다. 그러니까 오스트레일리아에 갈 수 없었던, 아니 그런 나라가 있는 줄도 몰랐던 유럽에선 당연히 흑고니의 존재를 모를 수밖에.

흑고니

"왠지 색이 안 어울리네요. 꼭 검정 물을 뒤집어 쓴 흰 고니처럼 물로 씻기면 곧 다시 흰색이 될 것만 같아요. 미운 오리 새끼처럼요."

"그럼 모든 백조가 흰색이라는 건 틀린 건가요?"

그렇지. '모든' 이란 단어는 '빠짐이나 남김없이 전부' 를 뜻하지. 때문에 무언가가 빠진다면 '모든' 이란 단어를 쓸 수 없게 된단다. 4색 정리도 마찬가지야. 이 명제는 너무나 절대적이어서 어떤 예외도 허용하질 않아. 모든 지도가 다 성립해야 돼. 때문에 모든 지도에 적용할 수 있는 일반적인 실험, 즉 증명이 필요하단다. 이건 방금 우리가 한 몇 개의 실험만으로는 해결할 수 없는 것이지. 때문에 수학에서는 실험을 '증명' 이라고 한단다.

"그렇군요. 참, 드 모르간 교수님은 이 문제를 풀 수 있었나요? 꽤 유명한 수학자라고 알고 있는데요."

물론 드 모르간 교수는 이 문제를 풀기 위해 많은 노력을 기울였단다. 그리고 증명 방법도 설명했지. 하지만 원숭이도 나무에서 떨어질 때가 있다고 했던가. 그의 시도는 실패하고 말았어. 혼자만의 힘으로는 어려웠던 모양이야. 하지만 그가 증명을 시도하면서 남긴 일화들은 우리에게 무언가 알려 주는 것들이 있어. 나중에 수학에서 증명을 해야 할 상황에 부딪쳤을 때, 그리고 어떤 문장의 참 · 거짓을 알아보고 싶을 때 많은 도움이 될 거야.

하켄 선생님은 드 모르간의 증명 과정을 설명하기 시작하였습니다.

당연히 드 모르간은 이 문제를 진지하게 받아들였어. 풀리지 않은 수학 문제를 풀고 싶은 욕망이 없는 수학자가 어디 있을까? 그 또한 유명한 수학자였거든. 그는 영국의 또 다른 유명한 수학자인 '해밀턴'에게 편지를 보냈어. 편지 속에는 간단한 지도가 그려져 있었단다.

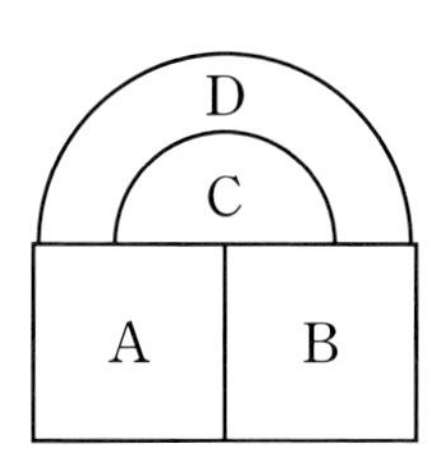

드 모르간이 해밀턴에게 보낸 편지에 그린 지도

이 그림으로 4색 정리를 설명하면서 함께 문제를 풀어 보자고

했지. 해밀턴이 이 문제에 관심을 기울였는지는 정확히 알 수는 없다만, 답을 만들지 못했다는 건 확실해 보여.

어쨌든 드 모르간은 홀로 증명에 착수했어. 그가 이 문제를 증명하기 위해 맨 처음 도입한 방법은 '5색으로 색칠이 가능한 지도는 어떤 특징을 지니고 있을까?' 였단다. 맨 먼저 4색으로 색칠 가능한 지도가 갖고 있는 성질을 조사했어. 그 결과 위의 그림처럼 4색이 필요한 이유가, 어떤 네 나라가 있는데 네 나라 모두가 다른 세 나라와 인접해 있는 경우가 있을 것이라 판단했습니다.

즉, A 나라에 B, C, D 나라가 인접해 있고 B 나라에는 A, C, D 나라가 인접해 있으며 C 나라에는 A, B, D 나라가 인접해 있고…….

그는 이 결론을 5색으로 색칠 가능한 지도에 적용하였단다.

"다섯 나라가 있는데, 다섯 나라 모두 다른 네 나라와 인접해 있다면 그 지도를 칠하는 데는 필히 5색이 필요할 것이다!"

즉 A, B, C, D, E 다섯 나라가 서로 국경을 맞대고 있는데 A에는 B, C, D, E 네 나라가 인접해 있고 B에는 A, C, D, E 네 나라가 인접해 있고, ……, 마지막으로 E 나라 또한 A, B, C, D 네 나라와 인접해 있을 것이라고 생각했지.

이 가정하에 드 모르간은 과연 이런 다섯 나라를 만들 수 있는지 조사하기 시작했어. 그 결과 드 모르간은 그러한 예가 있다는 걸 발견하지 못했고, 또한 그러한 배열은 존재할 수 없을 것이라는 생각을 했단다. 그러니까, 그런 성질을 갖는 지도는 물론 5색이 필요하지만 평면 위에 그릴 수 없는 지도임을 증명한다면, 평면지도는 그런 성질을 갖지 않게 될 것이고, 자연히 4색으로 색칠할 수 있을 것이라 생각했단다. 때문에 이 문제만 해결된다면 증명이 끝날 것이라고 여겼어.

여러분도 드 모르간의 생각에 동의하는지요?

두번째

수업 정리

1 4색 정리란 다음과 같습니다.

- 4색 정리 : 평면 위에 그려진 임의의 지도를 색칠하는 데 최소한 몇 가지 색이 필요할까?
- 지도 : '평면'에 그려진 지도. 지도 속에는 나라들과 나라들을 서로 구분 짓는 국경선경계선이 있다. 지도 속 나라는 국경선으로 완전히 둘러싸여 있으며, 두 조각 이상 나눠지지 않고 온전한 한 덩어리여야 한다.
- 두 나라가 맞닿아 있다또는 인접해 있다 : 두 나라가 공유하는 국경선이 존재한다. 예를 들어 중국과 북한은 맞닿아 있다. 미국과 브라질은 인접해 있지 않다. 이때 두 나라가 만나긴 하는데 한 점에서 만나는 경우는 맞닿아 있지 않다고 한다.
- 지도를 색칠한다 : 지도에 그려진 나라들을 하나의 색으로 색칠하되, 서로 인접한 나라끼리는 다른 색으로 칠한다.예를 들어 대한민국을 두 가지 색으로 칠하면 안 된다.

• 어떤 지도가 4색으로 색칠 가능하다 : 지도를 색칠할 수 있는 최소의 색의 수가 4색이다.

❷ 4색 정리를 증명한다는 것은 모든 평면 지도가 4색 이하의 색으로 색칠 가능함을 증명하는 것입니다. 때문에 겨우 몇 가지의 지도를 색칠했다고 증명이 되는 것은 아닙니다.

❸ 드 모르간은 다음과 같이 생각했습니다.
"다섯 나라가 있는데, 다섯 나라 모두 다른 네 나라와 인접해 있다면 그 지도를 칠하는 데는 필히 5색이 필요할 것이다. 그런 지도가 평면에 그려질 수 없다는 것만 증명하면, 평면지도는 모두 4색으로 색칠 가능할 것이다."

다섯 왕자 이야기

다섯 왕자 이야기를 통해서 드 모르간의 증명을 자세히 알아봅니다.

세 번째 학습 목표

1. 드 모르간이 시도했던 증명의 오류를 알아봅니다.
2. 다섯 왕자 이야기와 다섯 왕국 이야기의 숨은 뜻을 이해합니다.

미리 알면 좋아요

1. 집합, 원소, 부분집합, 공집합

2. 그래프 점과 선으로 이루어진 그림 또는 도형

자, 너희들은 어떻게 생각하니?

"글쎄요, 그런 것 같기도 하고 아닌 것 같기도 해요. 사실 잘 모르겠어요. 민수야 너는?"

"역시 증명은 어렵네요. 하지만 흐름은 알 것 같아요. 4색이 필요한 지도의 특징이 5색에서도 성립할 것이다. 그런데 5색이 필요한 지도는 평면에서는 그려지지 않는다. 따라서 평면지도는 4색으로 색칠이 된다. 그럴 듯하면서도 뭔가 아리송하네요."

어떤 글이 참인지 거짓인지 따지는 건 어렵지. 그럼 같이 알아보자. 우선 이 그림을 볼까?

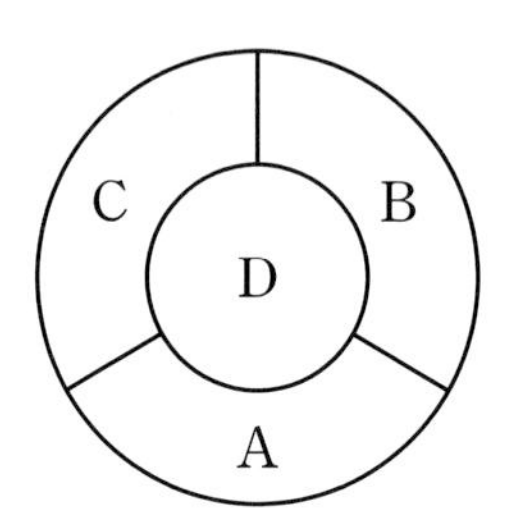

하켄 선생님이 그린 네 나라로 만든 지도

이 지도에는 모두 네 개의 나라가 있는데 자세히 보면 각 나라들은 다른 세 나라와 인접하고 있지?

"네, 그러네요."

"아, 아까 드 모르간이 생각했던 거랑 비슷하네요. 오호라, 이건 4가지 색으로 색칠되겠네요?"

그래, 맞았구나. 4색으로 색칠 가능한 지도의 대표적인 예란다. 그리고 드 모르간이 생각했던 것과 같은 성질을 갖는 지도이지.

"네, A에 빨간색을 칠하고 B에는 파란색을 칠하고 C에는 노란색, D에는 초록색을 칠하면 돼요."

앞서 본 지도와 같은 모양으로 그려진 네 나라를 포함하는 더 큰 지도는 몇 개의 색이 필요할까? 아마 4색으로 색칠 가능한 지도에서 나라를 더 추가한다고 해서 필요한 최소 색의 수가 줄진 않겠지?

"그렇겠죠. 원래 필요한 색만큼 써야 되겠죠. 4색보다 많으면 많았지 적지는 않겠네요. 그러니까 드 모르간은 4색으로 색칠 가능한 지도들은 위와 같은 성질을 갖는 네 나라가 반드시 있다고 생각한 거군요."

"민수가 이해를 잘 했구나. 약간 어렵지만 이 얘기를 집합으로 해 볼게."

하켄 선생님은 벤 다이어그램을 그리기 시작했습니다.

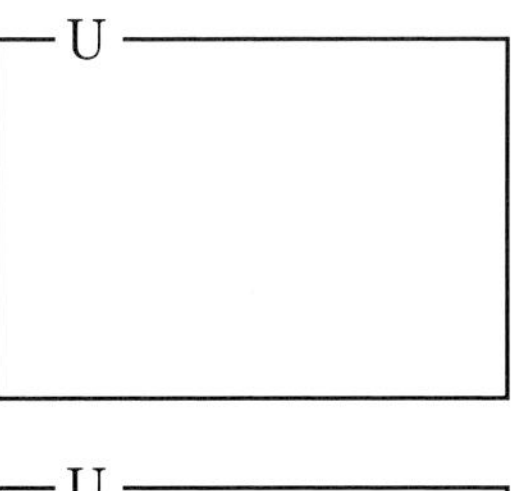

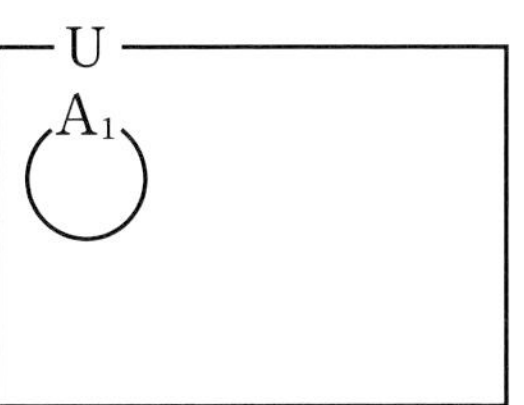

우선 평면 지도를 원소로 갖는 집합을 U라고 할게. 집합 U는 매우 크겠지? 당연히 원소의 개수가 셀 수 없을 만큼 많은 무한집합이 되겠지. 그다음 U의 부분집합으로 1가지 색으로 색칠 가능한 평면 지도를 원소로 하는 집합

을 A_1이라고 하자. A_1에 속한 평면 지도는 아마 나라가 하나뿐이거나 모든 나라가 국경을 맞대고 있지 않는 섬나라들이겠지?

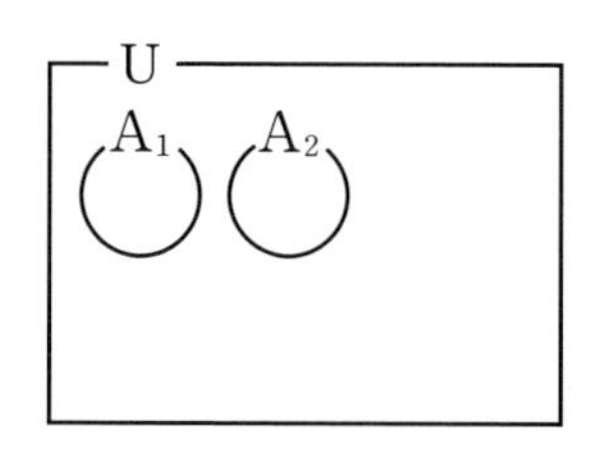

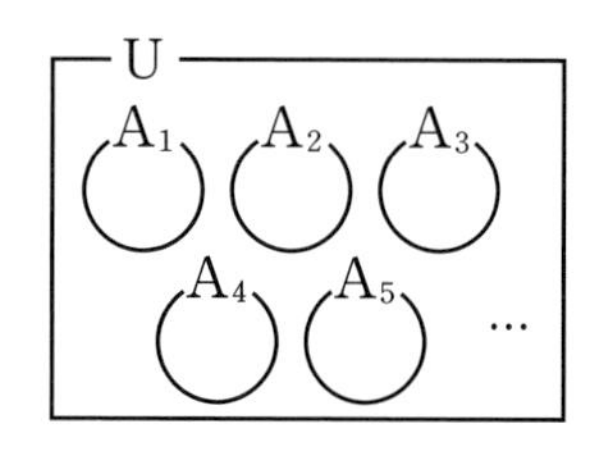

평면 지도를 집합으로 표현한 그림

다음에 2색으로 색칠 가능한 지도의 모임을 A_2라고 한다면 이곳은 이전 수업 시간에 색칠했던 바둑판 모양의 지도가 속하겠지. 같은 방법으로 A_3, A_4, A_5 모임을 만들었다고 하자. 물론 각각의 부분집합들은 교집합이 없어. 하나의 지도가 2색으로 색칠 가능하면서 동시에 3색으로 색칠 가능하기는 불가능하지. 그럼 오른쪽 벤 다이어그램의 맨 아래쪽처럼 되겠지?

드 모르간의 증명의 핵심은 각 집합에는 고유한 특징과 함께 비슷한 성질도 있을 것이라고 보았어. 그 중 하나가 A_4에 있는 지도의 경우 4개의 나라가 서로 다른 3개의 나라와 국경을 맞대고 있어야 한다는 것이었지. A_5에 있는 지도의 경우는 5개의 나라가 서로 다른 4개의 나라와 국경을 맞대고 있다는 것이고 말이야. 그런데 그러한 성질을 갖는 지도가 없다고 예상하면서 A_5에 속한 지도는 없다, 즉 A_5는 공집합이라고 했지. 따라서 모든 지도가 A_1 부터 A_4에 다 속한다고 하면서 증명을 끝냈지.

하켄 선생님이 설명하고 있는 드 모르간의 생각은 이렇습니다.

A_2에 속한 지도에는 아래의 성질을 갖는 두 나라가 반드시 존재한다.

➡ 어떤 두 나라가 있는데 이들은 다른 한 나라와 인접해 있다.

A_3에 속한 지도에는 아래의 성질을 갖는 세 나라가 반드시 존재한다.

➡ 어떤 세 나라가 있는데 이들은 다른 두 나라와 인접해 있다.

A_4에 속한 지도에는 아래의 성질을 갖는 네 나라가 반드시 존재한다.

➡ 어떤 네 나라가 있는데 이들은 다른 세 나라와 인접해 있다.

A_5에 속한 지도에는 아래의 성질을 갖는 다섯 나라가 반드시 존재한다.

➡ 어떤 다섯 나라가 있는데 이들은 다른 네 나라와 인접해 있다.

그러나 불행히도 이 아름다운 규칙은 아래의 지도 때문에 와르르 무너지고 말았단다.

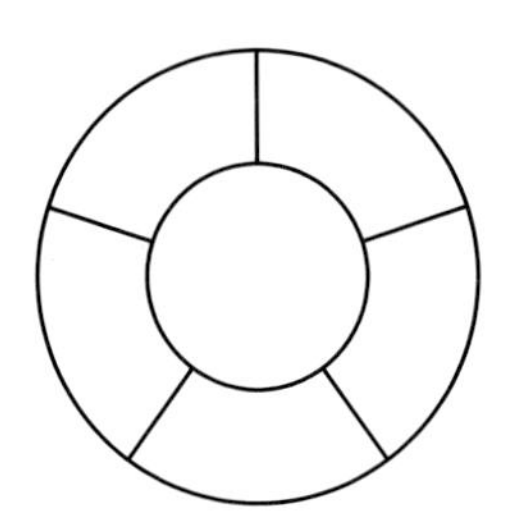

하켄 선생님이 보여 준 또 하나의 지도

"음, 다른 세 나라와 동시에 인접한 네 나라가 없네요. 그러면 A_3의 원소인가?"

"그러면 3색으로 색칠 가능하겠네요?"

그래야 되는데 불행히도 아니란다. 아래에 위의 지도를 색칠한 결과가 있단다. 알파벳으로 색을 표현했고.

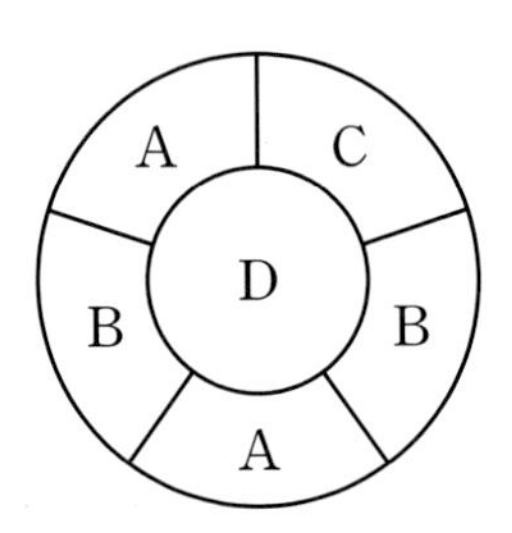

"어라, 3색이 안 되는걸요?"

"확인해 봐야지. 잘 칠했나."

하하, 의심하기는. 맞는 거야. 이것도 역시 4색으로 색칠 가능한 지도, 그러니까 A_4의 원소란다. 하지만 드 모르간의 규칙을 따르지 않고 있지.

"결국 드 모르간 교수님이 생각한 규칙은 A_4에 있는 모든 지도에 공통으로 성립하는 성질이 아니군요."

나라가 4개뿐인 경우는 드 모르간의 생각이 맞아 떨어지지. 하지만 4개 이상인 지도에서는 그 규칙이 성립하지 않는 경우가 있었던 거야. 결국 드 모르간의 생각이 참이라고 해도 여전히 A_5의 원소 중에는 드 모르간의 규칙이 성립하지 않는 지도가 분명히 있을 거고, 때문에 A_5이 공집합이라고 할 수 없게 된 거지.

"어떤 지도는 성립하지만 어떤 지도는 성립하지 않으니 증명이 끝난 게 아니네요. 아까워라."

그래도 당시 드 모르간의 생각은 상당한 발전을 이룩한 것이란다. 그리고 증명 방법을 우리에게 제시하기도 했고. 어찌 보면 잘못된 증명의 전형으로 남았지만 말이다. 하지만 다섯 나라가 다른 네 나라와 모두 인접해 있을 수 없다는 문제의 해답을 찾는 건 드 모르간에게는 어려웠을 거야.

"그렇다면 그 문제는 참인가요? 혹시 이것 또한 미해결?"

물론 드 모르간이 생각했던 내용 자체는 참이었단다. 이 문제에 대한 재미있는 이야기도 있지. 그러니까…… 다섯 왕자 이야기라고 하지 아마?

"다섯 왕자 이야기요?"

하하, 동화는 아니고 수학 이야기를 각색한 거라고 볼 수 있지. 다섯 왕자 이야기란…….

오래 전 큰 왕국을 거느린 왕이 살고 있었는데, 왕에게는 다섯 명의 아들이 있었습니다. 왕은 숨을 거두기 전에 다섯 왕자들에게 유언을 남겼습니다.

"내가 죽거든 왕국을 다섯 나라로 나눠서 왕자들이 각각 통치하도록 하여라. 이때 나라의 크기나 모양은 상관없지만 각 왕자들이 다스릴 나라는 두 개 이상의 조각으로 나눠져서는 안 되며, 다른 네 왕자들의 나라들과 서로서로 국경선을 공유하는 곳이 있어야 한다. 이때 만나는 국경선은 점이 되면 안 된다. 다시 말하지만 모든 왕자들은 네 명의 다른 왕자들의 나라와 '점' 이 아닌 국경선에서 만나도록 나라를 나누어서 잘 다스리도록 하여라. 나의 유언을 지킬 수 있겠느냐?"

다섯 왕자는 왕의 물음에 그러겠다고 대답했고, 왕은 숨을 거두었습니다. 다음 날 다섯 왕자는 나라 지도를 펼쳐 놓고 자기네 영토를 그리기 시작했는데…….

이게 다섯 왕자 이야기란다.

"에이, 이야기가 끝난 게 아니잖아요?"

하하, 이야기의 끝은 너희들이 만들어야지. 그래, 너희들이 왕자라면 어떻게 영토를 나누겠니? 한번 그려 볼래?

"그런데 원래 왕국은 두 조각 아닌가요?"

아니, 한 덩어리로 되어 있단다. 매우 좋은 질문이야. 이처럼 어떤 문제를 풀 때는 항상 주어진 조건이 무엇인지 명확히 하는 게 중요하단다.

민수와 주미는 먼저 한 덩어리의 나라를 그리고 '1' 이라고 이름 붙였습니다. 그다음 '나라 1' 과 만나게 구역을 정하고 '2' 라고 이름 붙였습니다.

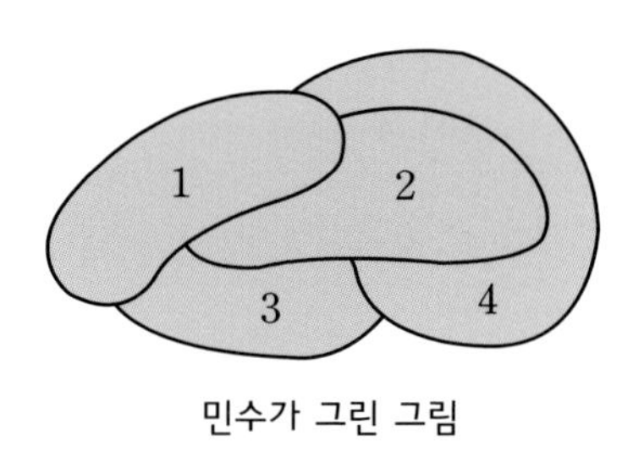

민수가 그린 그림

"어라, 2가 숨었네. 어쩌지? 5랑 2는 만날 수 없네?"

"나도 마찬가지야. 왜 안 되지?"

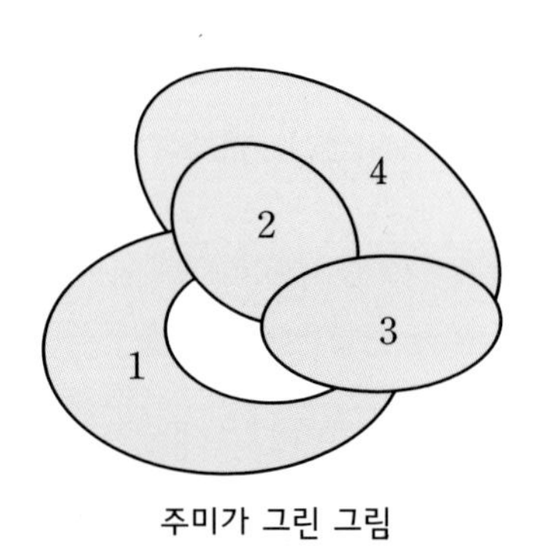

주미가 그린 그림

"도저히 5랑 1, 2, 3, 4가 다 만나게 할 수 없어요."

"혹시 이거 안 되는 거 아니에요? 가만, 이거 아까 말씀하셨던 드 모르간의……?"

그래, 맞다. 드 모르간이 생각했던 것이지. 다섯 나라가 있는데 모든 나라가 다른 네 나라와 동시에 만나도록 그릴 수 없다는 문제 기억나지?

"네. 그런데 이번에 그릴 수 없다는 문제인가요? 4색 정리는 모든 지도를 4색으로 색칠할 수 있다는 문제라면서요?"

그러고 보니 일면 비슷한 명제구나. 하나는 모든 평면 지도가 공통으로 가지고 있는 사실을 증명하는 문제이고, 다른 하나는 모든 다섯 나라가 공통으로 가지고 있지 않는 사실을 증명하는 문제이니까 말이다.

"그러네요. 이제 드 모르간이 생각했던 걸 증명하실 건가요?"

글쎄, 먼저 다른 이야기를 또 해 줄게. 이 이야기는 다섯 궁전 이야기라고 한단다.

왕은 유언장에 하나의 조건을 더 달았습니다.

유언장의 조건

다섯 왕자들은 자기 나라에 궁전을 세운다. 그 위치는 어디든 상관없다. 하지만 다섯 왕자는 자신의 궁전과 나머지 네 왕자의 궁전이 직접 연결되는 도로를 건설해야 한다. 이때 어떤 두 도로도 서로를 가로질러 가면 안 된다. 또한 A, B 두 나라 사이에 만드는 도로는 반드시 A, B 나라의 영토 위에서만 그려야 한다.

왕자들아!
한 가지의 조건을 더 달겠다.
다섯 왕자들은 자기 나라에
궁전을 세운다. 그 위치는
어디든 상관없다. 하지만
다섯 왕자는 자신의 궁전을
나머지 네 궁전과 직접
연결하는 도로를 건설해야
한다. 이때, 어떤 두
도로도 서로 연결되거나
다른 도로를 가로질러서는
안 된다.

"뭐야, 왕국을 다섯 조각낼 수도 없는데 궁전을 어떻게 지으라고요?"

그래 보이지? 두 이야기는 전혀 다른 걸 만들라고 하고 있지? 하나는 나라를 만들어야 하고 또 하나는 궁전과 도로를 만들고 말이야. 그런데 나라를 만들 수 있다면 자동적으로 궁전과 도로도 만들 수 있어. 반대로 어떤 하나를 만들 수 없다면, 다른 하나도 자연히 만들 수 없게 돼.

"글쎄요, 그런가요? 잘 모르겠는데요."

솔직해서 좋구나. 그럼 왕자가 다섯 명이 아니라 4명이라고 했을 때 왕의 유언대로 그려 볼래? 아까 만든 지도를 이용해도 좋겠구나.

"어! 뭔가 알 것 같아요."

"아, 저도 알 것 같아요."

민수와 주미는 도로를 그리면서 왜 두 이야기가 같은 이야기인지 알 수 있었습니다. 왜냐하면 다음 그림 속에 그 답이 있었기 때문입니다.

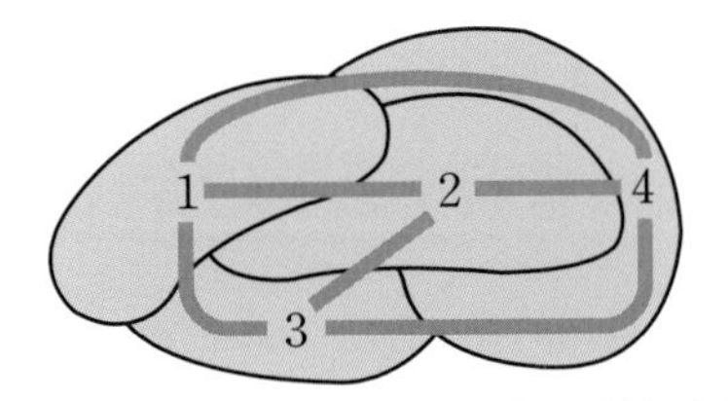

주미와 민수는 지도 위에 도로를 그렸습니다.

“인접해 있는 국경선을 지나는 도로를 그리면 돼요. 두 나라를 연결하는 도로를 그릴 수 있다는 것과 두 나라가 인접해 있다는 것이 같은 뜻이었어요. 참 신기해요!”

그럼, 어디 한번 지도를 지워 볼까?

하켄 선생님이 지도를 지우고 궁전과 도로만 남겨 두었습니다.

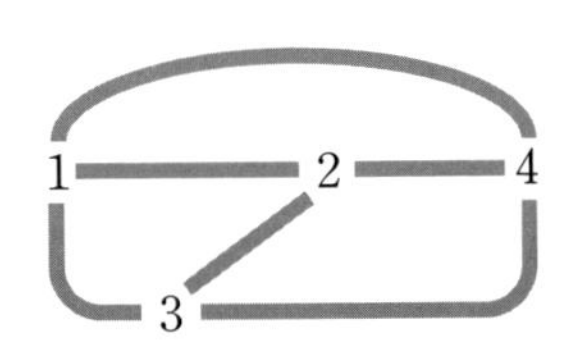

“이렇게 보니까 궁전과 도로만 보이네요.”

이 모습이 4색 정리의 본질이란다.

“네?”

머리가 많이 복잡해 보이는구나. 그럼 머리를 식혀 볼까? 4색 정리가 해결되면, 그러니까 4색만으로 모든 지도에 있는 나라를 구분하여 색칠할 수 있다면 무슨 이점이 있을까? 지도를 만드는 사람들은 이득을 볼까? 아닐까?

"글쎄요, 아마 색깔을 줄일 필요가 있다면 그럴 수도 있겠네요. 4가지 색만 준비하면 되니까요. 지도 제작자 말고는 별로 큰 득이 없지 않을까요?"

그렇기도 하겠지. 그런데 불행하게도 지도를 만들 땐 지도 나름의 규칙이 있단다. 예를 들어 바다나 호수, 강은 항상 옅은 파란색이라든지, 두 개로 조각나 있는 나라도 같은 색으로 칠해야 한다든지 말이다. 이 경우 수학자들이 증명하고자 하는 평면 지도의 특징과는 좀 괴리가 있지. 아래 그림을 볼까?"

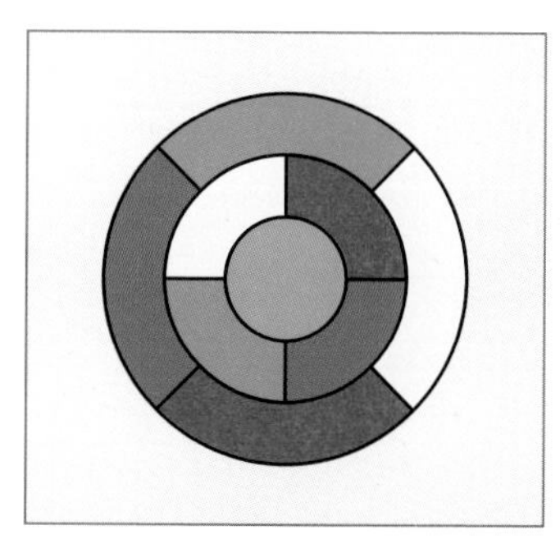

다섯 가지 색으로 그린 지도

이 그림에 사용된 색은 모두 몇 가지 색이지?

"5개네요. 어라, 이게 반례인가요?"

그렇진 않단다. 우리가 처음 만났을 때를 기억해 보렴. 색칠을 다시 하면 되는 거야. 이렇게 말이다.

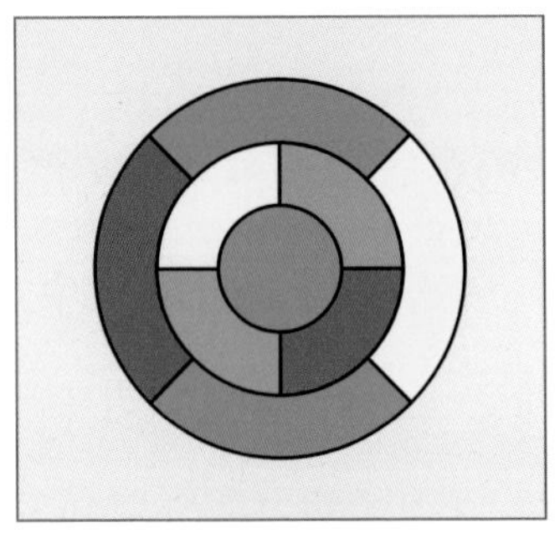

다시 색을 배열한 지도

이렇게 하면 4색이 되지. 하지만, 아까 청록색으로 칠한 부분이 바다와 호수라면? 그러니까 물이 있는 곳은 모두 청록색으로 칠해야 한다면?

"그러면, 두 번째 지도처럼 색칠할 수는 없겠네요."

그렇기 때문에 지도 제작자에겐 4색만으론 칠할 수 없는 경우도 발생한단다. 게다가 지도 제작자들은 구획을 나눌 때 반드시 최소의 색깔을 사용하지도 않는단다. 요즘엔 인쇄 기술이 발달해서 웬만큼 색깔을 많이 사용해도 잉크의 양은 큰 변화가 없거든. 오히려 그런 규칙 자체를 이해 못하지.

"그럼 지도 문제인데 어떻게 지도 만드는 사람에겐 별 가치가 없을 수 있을까요? 그럼 왜 이 문제를 푼 거죠? 지도 제작자가 원하지도 않는데 말이에요."

사실 여러 구역으로 나눠진 그림을 색칠하는 놀이에서 수학적 문제를 찾아낸다는 것 자체가 바로 수학자들의 놀이이자 특권이지. 물론 이게 심심해서 나온 문제는 절대 아니란다. 시작은 매우 단순했지. 그런데 막상 해 보니 4색이면 충분히 색칠할 수 있을 것 같은 문제가 이론적으로 증명이 안 되니까 증명을 시도하게 된 거지. 그런데 또 그 과정 속에서 새로운 수학 기법이 등장하게 되었어. 바로 '그래프 이론' 이란다.

"그래프 이론이요?"

"선생님, 그래프라면 좌표평면에 그려지는 그림을 말씀하시는 거예요?"

그것도 그래프라고 하지. 하지만 여기서 말하는 그래프와는 성격이 조금 다르단다. 4색 정리를 푸는 데는 이 그래프 이론의 발전이 큰 도움이 됐지. 그래프 이야기는 조금 쉬었다가 해 줄게.

세번째

수업 정리

❶ 드 모르간이 생각했던 4색으로 색칠 가능한 지도의 특징이 적용되지 않는 지도가 있습니다.

❷ 두 나라가 인접해 있으면 두 나라 사이에 두 나라의 영토만 지나는 도로를 만들 수 있습니다. 또한 반대로 그런 도로를 만들 수 있다면, 반드시 두 나라는 국경이 서로 맞닿고 있습니다. 즉 서로 인접해 있습니다.

❸ 4색 정리의 해결은 지도 제작자에게도 별로 큰 도움을 주지 못했지만 수학의 한 분야인 '그래프 이론' 을 개척하는 선구자 역할을 했습니다.

구름을 걸어 내니 태양이 보였다

우리 주변에서 찾을 수 있는 예를 이용해 위상수학의 기초 개념들을 학습합니다.

네 번째 학습 목표

1. 위상수학이 무엇을 연구하는 수학 분야인지 이해합니다.
2. 지도를 그래프로 바꿀 수 있습니다.
3. 그래프의 뜻과 구성요소를 학습합니다.
4. 같은 그래프의 뜻을 이해하고 두 그래프가 서로 같은 그래프인지를 직접 확인합니다.

이제 색칠하는 것은 잠시 떠나서 수학의 한 이론에 대해서 이야기해 보자꾸나.

"네? 아직 우린 수학을 많이 못 배웠는데 알 수 있을까요?"

너무 걱정할 건 없단다. 물론 깊은 내용은 어렵지만, 지금 내가 하고자 하는 건 아주 간단한 내용이야.

어떤 사물들이 가지고 있는 사실을 분석할 때는 많은 주의가 필요하지. 예를 들면 파리나 잠자리, 메뚜기 같은 곤충을 생각해 볼까? 그들을 우리가 곤충이라고 부르는 이유가 뭔지 아니?

"백과사전에서 본 것 같은데……."

곤충을 얘기할 때는 먼저 생김새를 본단다. 파리, 모기, 잠자리, 메뚜기를 곤충이라 부르는 이유는 그들이 가지고 있는 공통점이 있기 때문이겠지? 그들의 공통점이 뭘까?

"아, 생각났어요. 모두 다리가 6개예요. 곤충은 세 쌍, 즉 6개예요!"

그래, 맞단다. 다리의 개수 말고 다른 특징들도 있지만 다리의 개수야말로 곤충을 설명하는 가장 대표적인 특징이지. 예를 들어 거미는 곤충과 생김새가 닮았지만 다른 특징들은 다르기 때문에 곤충에 속하지 않지. 이렇듯 어떤 사물이 어느 집단에 속하는지를 알고 싶다면 먼저 그 집단의 구성원이 가지고 있는 공통된 성질을 아는 것이 중요하단다. 비록 드 모르간의 증명은 잘못된 증명이었지만, 그가 접근했던 기법은 매우 훌륭한 증명기법이었단 말이지.

그런데 수학에서도 어떤 사물이나 도형이 가지고 있는 특성을 연구하고, 공통된 특성을 갖는 것끼리 분류하는 움직임이 생겼지. 이 작업을 수행하는 수학 분야를 '위상수학Topology'이라고 부른단다. 위상수학은 사물의 군더더기는 다 빼고 우리가 정말로 집중 해야 할 것들만 뽑아서 재구성하는 학문이란다. 이 사진을 볼까?

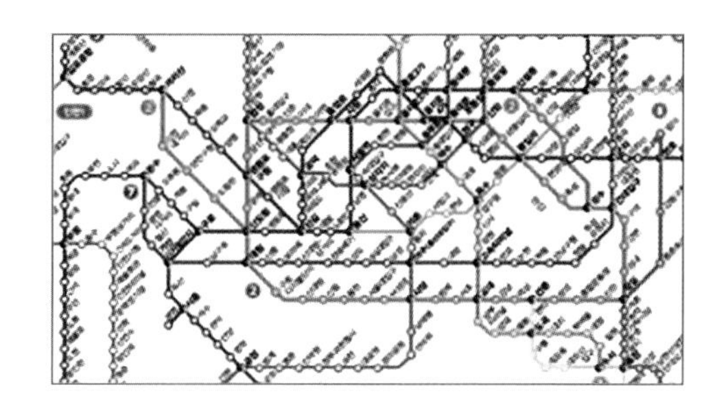

"이건 서울의 지하철 노선도네요."

그렇단다. 그럼 이건 뭐라고 생각하니?

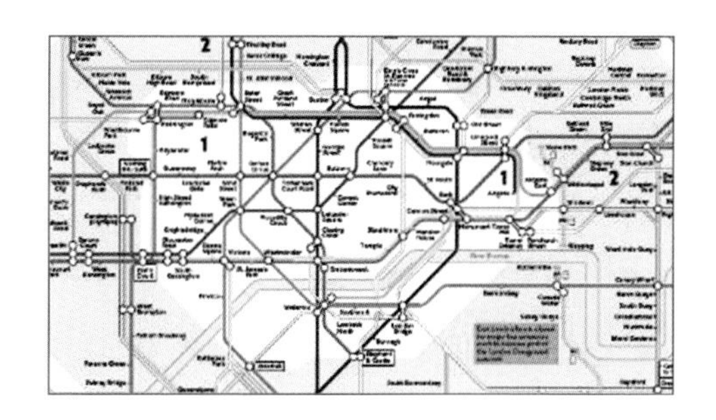

"이것도 노선도처럼 보이는데요."

그래, 이건 런던의 지하철 노선도 중 일부란다. 서울의 그것과 디자인이 비슷하지?

“그러네요. 다른 나라 지하철 노선도는 처음 봐요.”

지하철이 최초로 만들어진 나라가 어디지?

“혹시 영국인가요?”

정답! 민수는 상식이 풍부하구나.

“사실, 찍었어요. 런던의 지하철 노선도를 보여 준 이유가 있을 거라 여겼거든요.”

그래도 그 정도의 눈썰미라면 좋은 능력을 가진 거란다.

“모든 나라의 지하철 노선도가 다 이렇게 생겼나요?”

거의. 아주 비슷하지. 다른 거라곤 정거장 이름을 적은 언어와 노선 색깔 정도?

“왜 그렇죠?”

최초로 런던에서 지하철이 개통됐다고 했지? 당시 런던 시는 시민들에게 지하철을 알려야 했고, 어디를 가려면 지하철 어느 역에서 내려야 하는지 일목요연하게 보여 주고 싶었단다. 그런데 지하철이 지나는 역과 노선을 사람들이 정확하고 빠르게 알아볼 수 있도록 디자인하는 건 의외로 힘든 작업이었지. 그때 런던 지하철에서 근무하고 있던 어느 젊은이가 이와 같은 디자인을 고안

했고, 지금까지 우리가 사용하는 이 방식은 지도들 중에서 가장 뛰어난 작품으로 평가받고 있단다.

"그래도 사실 이건 너무 딱딱해요."

예쁘지 않다는 건 나도 동의한다. 때문에 많은 예쁜 지하철 노선도, 이를테면 지상의 관광 유적이나 건물을 담은 3차원 노선도까지 생겨났지. 하지만 모두 끝내는 실패로 돌아갔단다.

"어째서요?"

많은 이유가 있겠지만 그중에서 가장 중요한 건 이 지도가 다름 아닌 지하철 노선도라는 이유 때문이지. 지금의 노선도는 묘하게도 사람들에게 편리함과 전체적인 외관의 안정을 주고 있지. 그동안 만들어진 노선도 중에서 가장 편하고, 가장 빠르게 내가 탄 지하철이 지나는 역과 내가 가야할 역으로 갈 수 있는 방법을 알려 주고 있기 때문이지.

"그렇긴 해요. 사실 노선도는 나이 어린 애들도 보는 방법만 알면 쉽게 찾더라고요."

그런데 이 노선도 속에는 내가 이야기하고 있는 위상수학의 정수가 담겨 있단다.

"노선도가 수학에서 나왔다고요?"

사실 노선도를 그린 젊은이가 수학을 잘 했다는 얘기는 없더구나. 하지만 위상수학의 본질과 정신을 누구보다도 잘 포착했다고 볼 수 있지. 위상수학은 이처럼 어떤 사물을 분석할 때, 정말 필요한 것은 도드라지게 표현하고 그 외의 현상들은 과감하게 변형시키는 작업을 수행하지. 미술에서도 '캐리커쳐' 라고 해서 초상화를 그릴 때 그 사람의 특징을 도드라지게 그려내는 기법이 있지? 사실, 지하철 노선도와 실제 지하철 노선은 꽤나 다른 모양을 하고 있지. 지하철 노선이 노선도와 길이와 방향이 똑같다는 생각을 하는 사람은 없겠지?

"그렇긴 하죠."

그런데 두 사물, 그러니까 노선도와 실제 지하철이 만들어져 있는 것은 거의 모든 곳에서 같지 않지만 꼭 1개가 일치해. 그게 뭘까?

"역들 간의 거리를 축소하면 이렇게 되나?"

"역들 간 거리가 이렇게 똑같겠어?"

"음, 환승역 정보?"

"그렇겠네. 그리고 1호선이라면 1호선의 역이 같은 것 같아요. 그러니까 역이 있는 순서 말이죠."

런던의 지하철 노선도
서울의 지하철 노선도
런던과 서울의 지하철 노선도는 서로 비슷하게 생겼어요.
그렇지? 하지만 '노선도'와 실제 '노선'은 같지 않단다.
정말요? 왜 실제 노선과 노선도를 다르게 그린 거죠?
노선도는 실제 지하철 노선과 같은 게 중요한 게 아니란다.
사람들이 쉽게 알아볼 수 있도록 그리는 게 중요하기 때문이지.
아~ 어느 역에서 내리고 어느 역에서 갈아타는 게 편하고 정확한지를 보여 주는 게 중요한 거군요.
하하
그렇지. 지하철 노선도에 숨어 있는 수학이 바로 위상수학이란다.
지하철 노선도에도 수학이 숨어 있었군요.
으, 무서운 수학~

맞았단다. 노선도를 확대한다고 결코 실제 지하철 노선이 되진 않아. 노선도에서는 동서를 잇는 구간이 실제는 남북을 잇는 구간일 수 있어. 하지만 몇 호선인지는 색깔로 표현했고, 역의 순서는 실제와 똑같지. 이를 '연결 상태' 혹은 '연결망'이 똑같다고 한단다. 노선도 제작을 위해 역들 간에 연결된 상태는 동일하게 하고, 나머지 요인들은 과감하게 생략하거나 왜곡한 거지. 하지만 우리는 노선도를 보면서 맞닿은 역들 사이의 거리가 얼마인지 기차가 남쪽으로 가는지는 전혀 의식하지 않지. 왜냐하면 노선도를 보는 목적은 지하철 역들 간에 연결 상태가 어떠한지, 환승은 어디서 해야 하는지에 더 관심을 갖고 있는 거지. 노선도를 만든 젊은이는 그 점에 착안했던 것이란다.

"그렇군요. 노선도를 만드는 데 수학이 있을 줄은 몰랐네요."

그런데 이러한 노선도가 여러 분야에 응용되고 있단다. 특히, 실제 생김새보다는 연결 상태가 중요한 분야에서 그렇단다. 자, 다음 그림은 어떤 주택에 어지럽게 깔려 있는 전선의 상태를 나타낸 배선도란다.

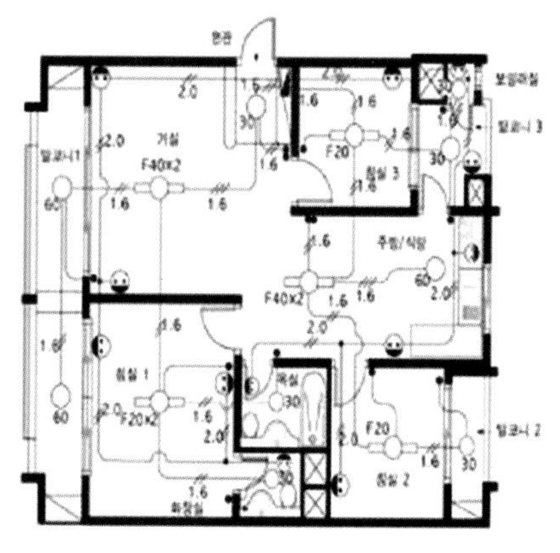

주택의 배선도

“불필요한 것들은 버리고 정말 필요한 것만 뽑아낸다는 거군요. 사실 이건 수학뿐 아니라 어디에서고 많이 활용되는 분석법이잖아요?”

그렇지. 하지만 수학에선 분석을 위해 만든 이론 체계가 있지. 두 사물이 연결되어 있는지 떨어져 있는지를 표기하는 방법이 잘 제시된 분야가 있단다. 이름하여 ‘그래프 이론’이란다. 우리가 조금 전에 다섯 왕자와 궁전 이야기를 하면서 언급한 이름이지?

“네, 이름을 가르쳐 주셨지요.”

그래, 그때 보여 주었던 그림을 다시 볼까?

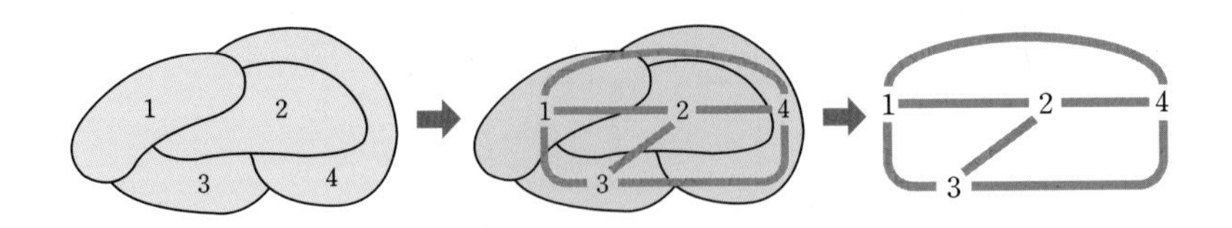

첫 번째 그림은 지도, 두 번째 그림은 나라끼리 도로를 연결한 그림, 세 번째 그림은 도로만 뽑아 낸 그림이란다. 수학에서는 왼쪽의 지도보다는 세 번째의 도로에 더 관심을 갖고 있지. 두 나라 사이에 도로가 있다는 것은 무얼 의미하는 걸까?

"그때 이야기했었죠. 두 나라의 국경이 맞닿은 곳으로 도로를 그리니까요, 두 나라 사이에 도로를 만들 수 있는 이유는 두 나라가 인접해 있기 때문이죠. 그러니까 도로를 이용해서 두 나라가 국경선을 공유하는 부분이 있는지 없는지를 표현할 수 있다는 거네요."

"그러고 보니 세 번째 그림만 보아도 1번 나라와 2번 나라가 인접해 있다는 걸 알겠네요. 익숙해지면 괜찮은 문제 해결 전략이 되겠어요."

그래, 잘 했구나. 두 나라가 인접해 있음을 도로로 표현한 것이지. 결국 인접해 있다는 걸 두 나라가 연결되어 있다고 본다면 이 그림은 지하철 노선도와 그 성격이 같다고 할 수 있단다. 결국 지도를 색칠할 때는 나라의 모양은 아무런 문제가 안 된단다. 러시아처럼 큰 나라든, 모나코처럼 작은 나라든, 또 칠레처럼 긴 나라든 간에 색칠하는 데는 아무런 영향을 미치지 않지. 때문에 모든 나라를 점 혹은 둥근 원으로 표현해도 괜찮아. 하지만 두 나라가 국경을 맞대고 있느냐의 여부는 너무나 중요한 성질이지. 때문에 두 나라의 연결성은 정확하게 표현이 이뤄져야 한단다. 그리고 앞의 맨 오른쪽 그림은 이를 도로로 표현한 것이고 말이다. 이 본질만을 뽑아내어 간략하게 표현한 것이 세 번째 그림이지. 수학에서는 이러한 그림들을 일컬어 '그래프graph'라고 한단다. 결국 4색 정리는 그래프로 인해 비로소 미술에서 수학으로 넘어 오게 되는 것이지.

수학에서 그래프는 두 개의 뜻을 가지고 있어. 첫 번째는 함수와 관련이 있는데, 함수의 그래프는 《디리클레가 들려주는 함수 이야기》라는 책에서 자세하게 배울 수 있고, 우리가 지금 여기서 배울 그래프는 또 다른 하나의 뜻으로 단지 점과 선으로 이루어진 그림을 말해. 뜻이 의외로 간단하지?

"점과 선으로 이루어진 그림이요? 그럼 아무렇게나 그려도 다 그래프인가요?"

주미는 스케치북에 아래와 같이 그림을 그렸습니다.

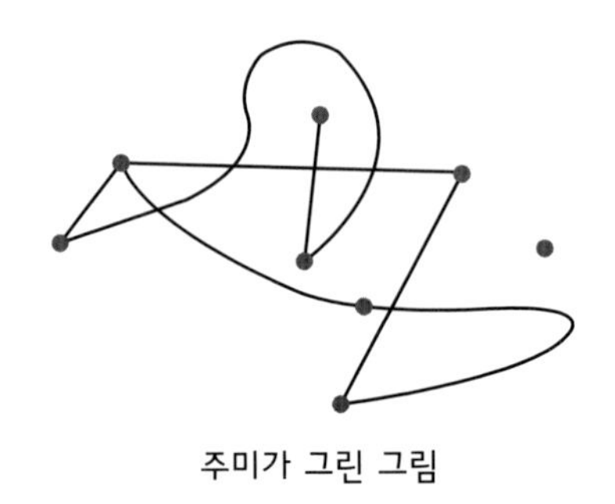

주미가 그린 그림

"주미야, 오른쪽에 있는 점도 그린 거야? 그것만 없다면 이것도 그래프라고 말할 수 있을 것 같은데?"

민수야, 아니란다. 주미가 그린 그림이 정확히 그래프의 예라고 할 수 있다. 점과 선으로 만들어졌다면 그것은 그래프야. 점이 혼자 있어도 또한 그래프가 된단다. 선 또한 직선이어도 되고 곡선이어도 돼. 그리고 직선들이 서로를 지나도 돼. 이때 지나면서 생긴 점은 꼭짓점이 아니야. 단지 주의할 것은 선의 양끝은 반드시 꼭짓점이어야만 한다는 것. 이때 그래프에서 사용된 점들을 '꼭짓점', 그리고 꼭짓점 사이에 이어진 선을 '변'이라고 한단다. 자, 주미가 그린 그래프에서 변은 몇 개이고 꼭짓점은 몇 개인지 세어 볼래?

"변은 7개, 꼭짓점도 7개예요."

잘했다. 어쩌다 보니 두 개의 개수가 같아졌구나.

"쉽네요, 점이 몇 개인지 선이 몇 개인지만 세면 되는 거네요."

그렇지. 그럼 아래 지도와 같은 표현의 그래프를 한번 그려 볼래? 이번엔 둘이 따로 그려 보렴.

행정구역, 그러니까 도를 하나의 구역으로 보고 그래프를 그려 보려무나. 이때 광역시는 빼기로 하자. 독도도 넣고 싶지만, 독도는 행정구역이 아니니까 빼기로 하자. 일부러 그러는 건 아니니까 오해는 하지 말아 주렴.

"네."

주미와 민수는 스케치북에다 열심히 그래프를 그리기 시작했습니다. 시간이 조금 지난 후에 둘은 하켄 선생님께 자신이 그린 그래프를 보여 주었습니다.

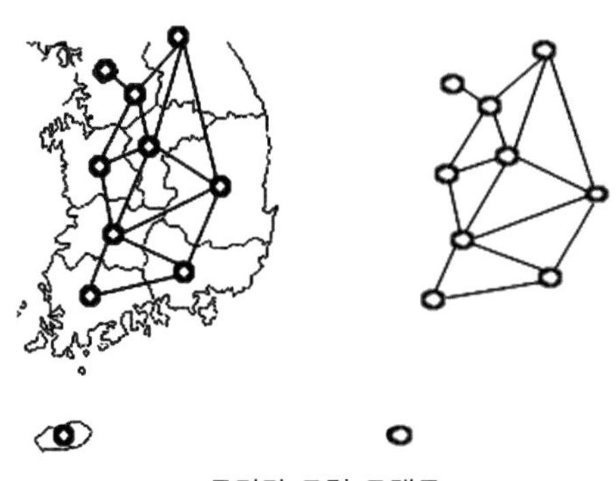

주미가 그린 그래프

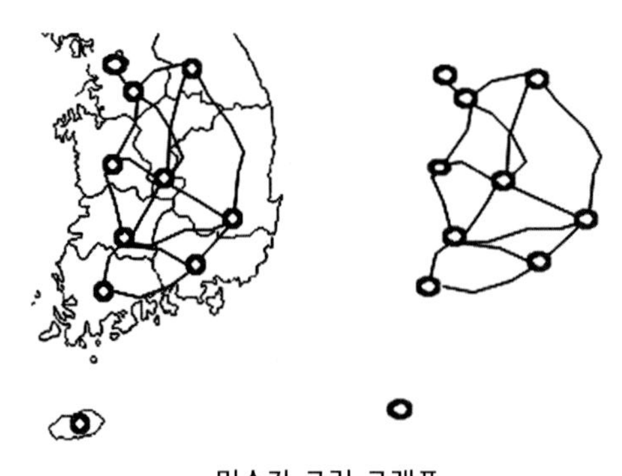

민수가 그린 그래프

"민수야, 정성을 좀 들여서 그려 봐. 선이 왜 이렇게 삐뚤빼뚤한 거야. 그리고 선들끼리 지나면 헷갈리잖아."

"뭐, 내 맘대로 그리면 되는 거 아냐?"

하하, 너무들 싸우지 말아라. 둘 다 모두 잘 그렸다. 그런데 두 그래프의 모양이 약간 다르구나.

"어쩔 수 없어요. 꼭짓점 위치가 달라지니까 선도 약간씩 차이가 나네요."

"같은 지도인데 그래프 모양은 달라지네요."

그렇지? 그래프 모양은 사람에 따라 달라질 수밖에 없지. 하지만 왜 그래프를 그리는지, 그 목적을 기억하렴. '태양을 보기 위해 구름을 걷어 내라. 행정 구역의 연결 상태를 보기 위해 모양은 과감히 생략하라.' 이 목표에 따르면 둘의 그래프는 같은 그래프라고 할 수 있단다. 정리하면 누구나 개성이 있기 때문에 각자가 그린 그래프는 꼭짓점의 위치나 각 변의 길이가 다를 수 있단다. 하지만 꼭짓점의 위치를 바꾸거나 변을 구부리거나 늘이거나 줄여서 두 그래프가 같은 그림으로 그려질 수 있다면 두 그래프는 '같은 그래프' 라고 한단다. 주의할 것은 변을 끊어서는 안 되고 꼭짓점이나 변을 더 그려서도 안 돼.

다음의 두 그래프를 보면 확실히 알 수 있을 게다. 두 그래프가 같은 그래프라는 걸 알 수 있겠니?

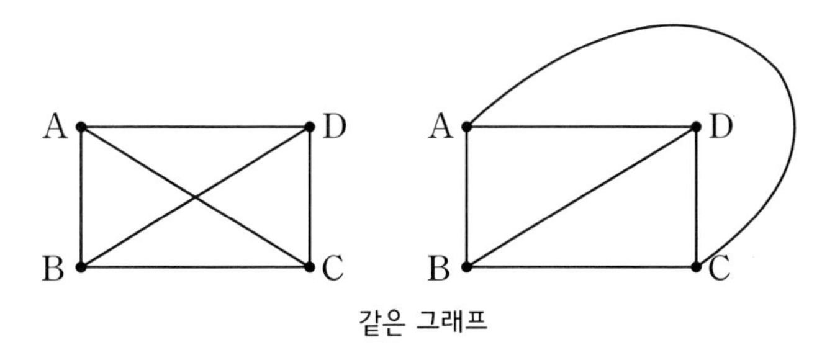

같은 그래프

자, 다음 세 그래프 중에서 같지 않은 그래프가 있는데 찾을 수 있겠니?

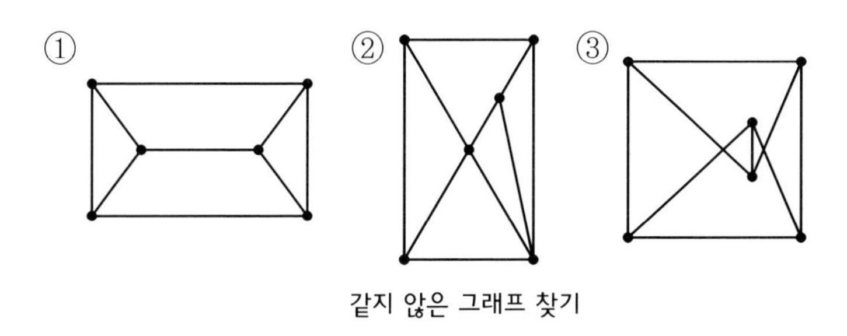

같지 않은 그래프 찾기

"음, 모양이 달라지니까 쉽지 않네요."

그렇지? 사실 두 그래프가 같은지 확인하는 작업도 어려운 작업이란다. 그래도 한번 찾아 보렴.

"꼭짓점이랑, 변의 개수는 같네요. 가만, ②에서 대각선의 교점이 아닌 변 위에 점이 있다면 그것도 꼭짓점인가요? 또 직선이라도 변이 두 개라고 봐야 하나요?”

그렇단다. 꼭짓점을 지나는 선은 다 변이야. 또한 변이 만난다고 해서 다 꼭짓점은 아니란다. 그래서 ③처럼 두 변이 만나기만 할 때는 점을 찍지 않는단다.

“아! 찾았어요. ②에는 정중앙에 있는 꼭짓점에서 뻗어 나가는 변의 개수가 4개예요. 그런데 ①, ③에는 변이 4개 뻗어 나가는 꼭짓점이 없어요. 와우!”

잘 찾았구나. 그럼 ①을 어떻게 움직이면 ③처럼 변할까?

“사각형 내부에 있는 두 점을 서로 엇갈리게 한 다음 사각형을 세우는 거예요. 그리고 눕힌 후에 살을 찌우면 되죠!”

하하, 적절한 비유구나. 이 정도 수준이면 그래프 이론을 배우는 데 문제가 없겠어.

“에이, 뭘요~.”

그럼, 다음 두 그래프를 보자. 이 두 그래프도 같은 그래프일까? 그래프의 꼭짓점 이름에 너무 연연해서는 안 돼. 꼭짓점에 붙인 이름은 편의상 붙인 거니까.

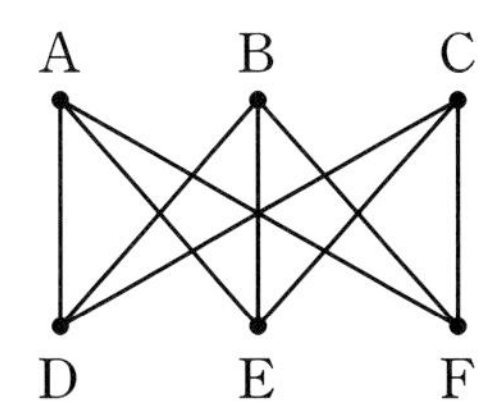

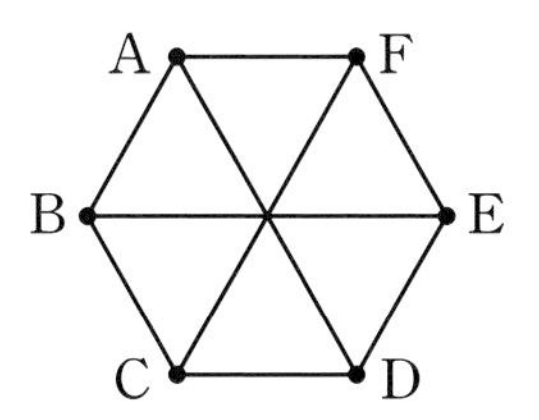

"헷갈리네요. 음, 먼저 육각형으로 만들어 볼까? A가 D랑 F랑 연결되어 있으니까 F를 위로 올리고……."

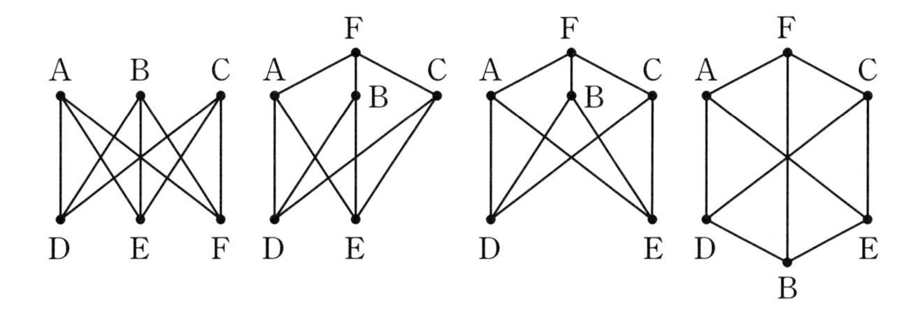

"옮기니까 육각형 모양으로 만들 수 있어요."

"꼭짓점 이름은 달라졌지만 모양은 같다고 할 수 있네요. 그럼 이 두 그래프도 같은 그래프인 거 맞죠?"

그래, 참 잘했구나. 자, 그래프가 무엇인지 그리고 어떤 역할을 하기 위해 등장했는지 정리해 볼까?

"네, 그래프는 단순히 점과 선으로 그린 그림이면 다 돼요. 점을 꼭짓점, 선을 변이라 부르지요. 어쨌든 사물들을 꼭짓점으로 표시하고 사물들 간의 연결 여부를 변으로 표현해서 연결되어 있으면 두 꼭짓점을 선으로 잇고, 그렇지 않으면 변을 그리지 않으면 간단한 모양으로 만들 수 있고, 또 분석해 내기도 쉽다고 했죠. 그런데 이걸로 어떻게 분석하나요?"

아직 그 이야기는 하지 않았지? 드디어 드 모르간의 추측을 증명할 시점이란다. 그래프로 발상의 전환을 이룬 다음부터 많은 수학 법칙들이 생기기 시작했어. 다름 아닌 4색 정리의 증명을 향한 발판이 마련된 것이지.

"드디어 드 모르간의 추측이 해결되는군요. 그런데 그게 뭐였더라?"

하하, 잊어버리는 게 당연한 것 아니겠니? 다시 얘기해 주마. 드 모르간은 다섯 나라가 있는데 모든 나라는 나머지 네 나라와 국경을 마주하고 있는 경우가 없을 거라고 생각했어. 그리고 이건 다섯 왕자 이야기에서 왕국을 분할할 수 있는지의 문제와도 같다고 했지. 자, 이제 왕의 유언은 절대로 지켜질 수 없음을 증명해 볼까?

"네!"

네번째
수업 정리

1 어떤 사물이나 도형이 가지고 있는 특성을 연구하고, 공통된 특성을 갖는 것끼리 분류하는 작업을 수행하는 수학 분야를 '위상수학Topology' 이라고 합니다.

2 점과 선으로 이루어진 그림을 '그래프' 라고 합니다. 이때 그래프에서 사용된 점들을 '꼭짓점', 그리고 꼭짓점 사이에 이어진 선을 '변' 이라고 부릅니다.

3 나라를 꼭짓점으로, 두 나라가 연결되어 있으면 두 나라를 표현한 꼭짓점을 이어 변을 그려 넣는 과정을 통하여 지도를 그래프로 변환할 수 있습니다.

4 꼭짓점의 위치를 바꾸거나 변을 구부리거나 늘이거나 줄여서 두 그래프가 같은 그림으로 그려질 수 있다면 두 그래프는 서로 '같은 그래프' 라고 부릅니다.

드 모르간의 추측 증명 I

지도를 그래프로 바꿀 수 있는 방법을 학습합니다.

다섯 번째 학습 목표

1. 지도를 그래프로 변환할 수 있습니다.
2. 지도로 변환할 수 없는 그래프가 있음을 이해합니다.
3. 평면 그래프와 완전 그래프의 특징을 학습합니다.
4. 다섯 왕국은 평면에서 만들 수 없는 지도임을 직관적으로 이해합니다.

얘들아, 저번 수업 시간에 우리는 평면에 그린 모든 지도를 그래프로 바꿔 그릴 수 있다고 했었지?

"네, 그런데 증명은 하지 않았잖아요."

하하, 그렇지. 사실 모든 평면 지도를 그래프로 표현하지는 않았지. 그럼 그것부터 살펴보자꾸나. 지도와 그래프에서 서로 짝지을 수 있는 게 뭐였지?

"지도에서 나라는 꼭짓점으로, 그리고 두 나라가 국경을 마주

한다는 것은 변으로 표현했어요."

그래, 맞단다. 어떤 지도가 있을 때, 그 지도에서 추출되는 그래프가 하나 나오지. 물론 모양이 다르지만 같은 그래프겠지? 틀리지만 않는다면 말이다.

"그래서 지도를 그래프로 분석하는 거겠죠?"

그래. 그런데 반대를 생각해 볼까? 우리가 그래프를 하나 그렸다고 하자. 그럼 거꾸로 그래프가 표현하는 지도를 그릴 수가 있겠니?

"당연하죠. 거꾸로 가면 되잖아요."

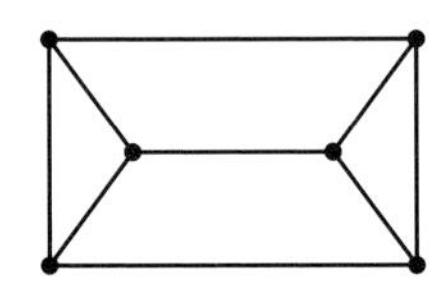

하켄 선생님이 보여 준 그래프여러분도 해 보세요.

"이건 전 수업시간에 본 거네요. 해 볼게요."

'어차피 지도만 만들면 되니까 모양이 좀 나빠도 괜찮겠지?'

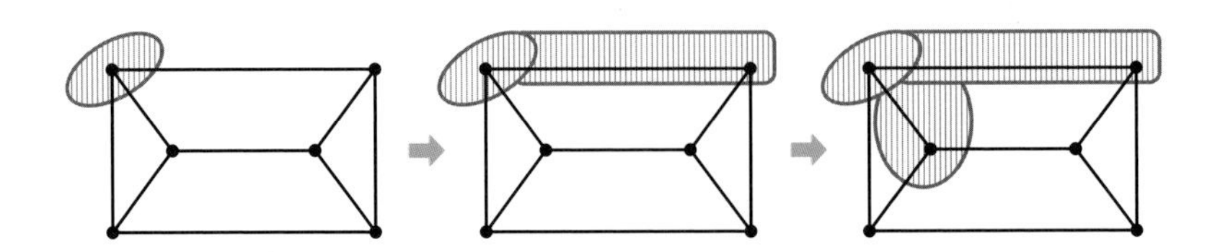

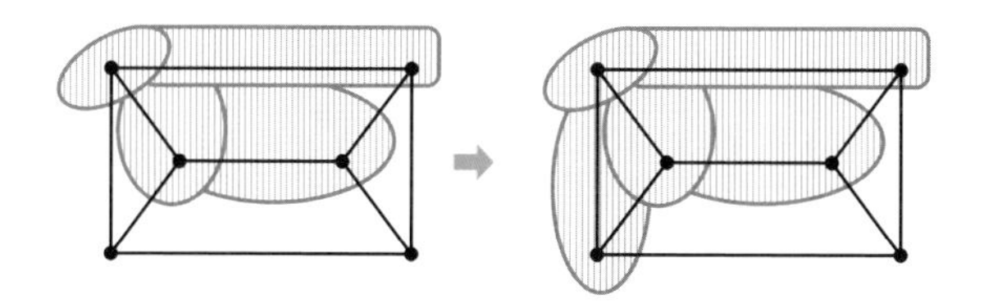

'어라? 그냥 그리면 안쪽에 있는 왼쪽 꼭짓점이랑 연결되는데 어떡하지?'

고민하는 주미에게 옆에서 바라보던 민수가 한마디 합니다.

"중간을 띄워 버려! 호수가 있다고 생각하면 되잖아!"
"그렇지! 이렇게 하면……. 선생님 다 됐어요!"

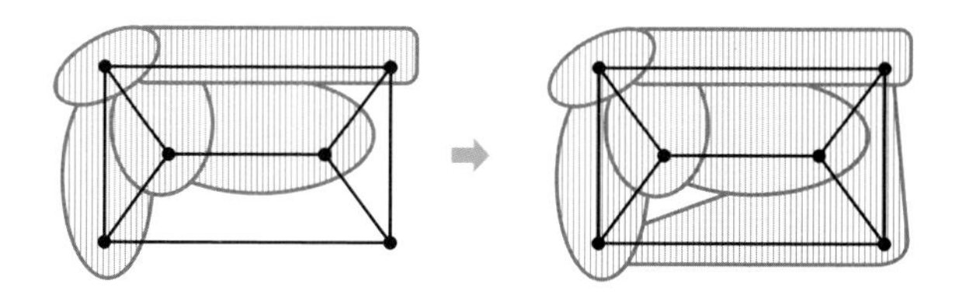

그래, 하하! 잘 했구나. 호수를 넣는다는 생각을 한 민수도 잘 했어. 그런데 이번 그래프는 조금 힘들지도 몰라.

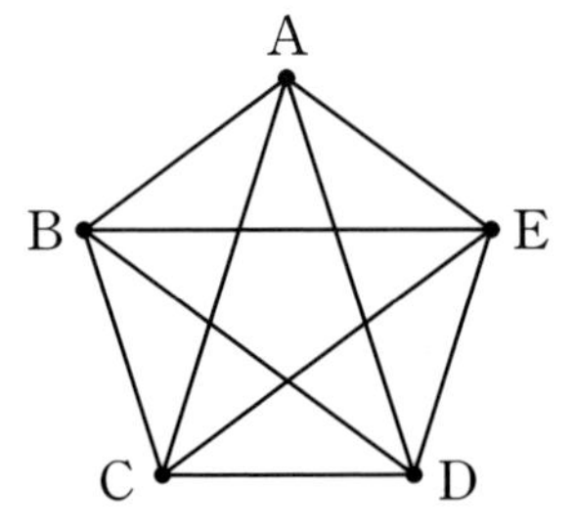

하켄 선생님이 낸 오각형의 그래프

"이번에도 문제없어요."

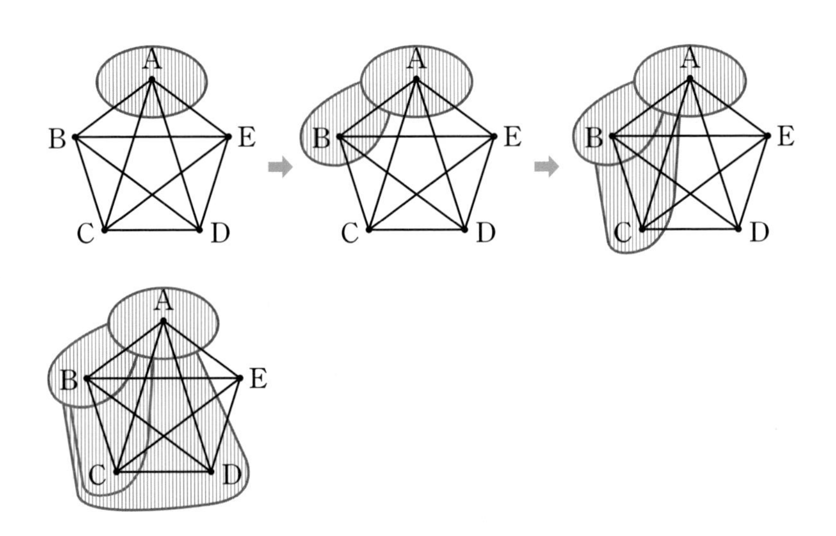

마지막 나라만 남겨 둔 상태에서 민수의 그림이 갑자기 멈췄습니다.

‘어? E랑 B, C랑도 연결해야 되는데? 어떻게 하면 되지? C가 숨었네?’

옆에서 지켜 보고 있던 주미도 역시 답이 나오지 않았습니다.

‘애초에 잘못 그린 건가? 이렇게 그리면 안 되는 건가?’

잘 안 되니? 뭐가 문제가 있나?

“네. 잘 되는 것 같은데 마지막에 꼭 인접하게 그릴 수 없는 나라가 생겨요. 꼭…… 꼭 다섯 왕국 같아요!”

“정말 그러네. 어라, 그래프 맞는데?”

그래, 다섯 왕국은 모든 나라가 나머지 네 개의 나라와 인접해야 한다고 했었지? 그때도 잘못 그렸는데, 지금도 그렇구나.

“그럼 이건 지도를 못 그리는 건가요?”

빙고! 이 그래프는 지도로 바꿀 수 없는 그래프란다. 이처럼 그래프 중에는 평면 지도로 바꿀 수 없는 게 있어 보이는구나. 평면 지도는 다 그래프로 바꿀 수 있었지만 그래프는 평면 지도로 바꿀 수 없는 게 있구나.

"그런데 이상해요. 어떻게 이럴 수 있죠?"

"다 돼야 하는 게 정상 아닌가요?"

꼭 그렇진 않아. 그래프의 종류에 따라 다르단다. 어쨌든 그래프 중에서 평면 지도로 변환할 수 있는 그래프와 없는 그래프로 분류한다고 할 때, 전자의 그래프를 '평면 그래프'라고 부른단다. 그래서 그래프 이름에도 '평면' 이란 말이 들어가지. 그렇다면 너희가 방금 그렸던 그래프는 평면 그래프가 아니라고 할 수 있지.

우선 그래프를 보자꾸나. 우리는 그래프를 배우면서 '같은 그래프' 가 뭔지 공부했었지?

"네. 변을 적당히 변형해서 모양이 같게 만들 수 있다면 서로 같은 그래프라고 했어요."

그럼 아까 평면 지도로 바꿨던 그래프는 '평면 그래프' 가 되겠지. 이 그래프와 같은 그래프이면서 두 변이 만나는 경우가 없도록 해 볼까? 오각형 그래프도 같은 방법으로 해 보려무나.

주미와 민수는 하켄 선생님의 말씀대로 같은 그래프를 아래와 같이 그려보았습니다. 처음 그래프는 쉬웠습니다.

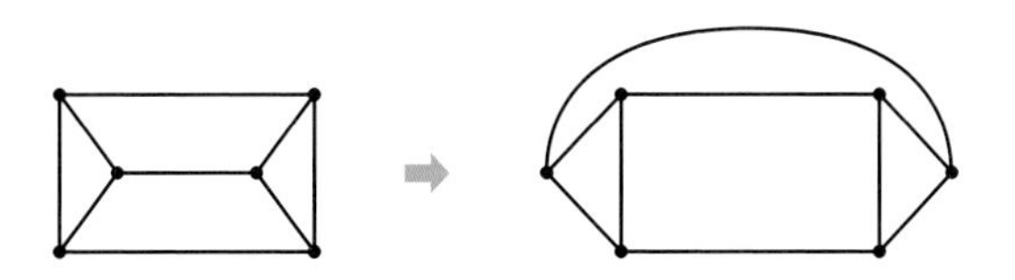

그런데 오각형 그래프는 아무리 해도 잘 안 됐습니다. 꼭 마지

막에 가서 안 되는 변이 나타났습니다.

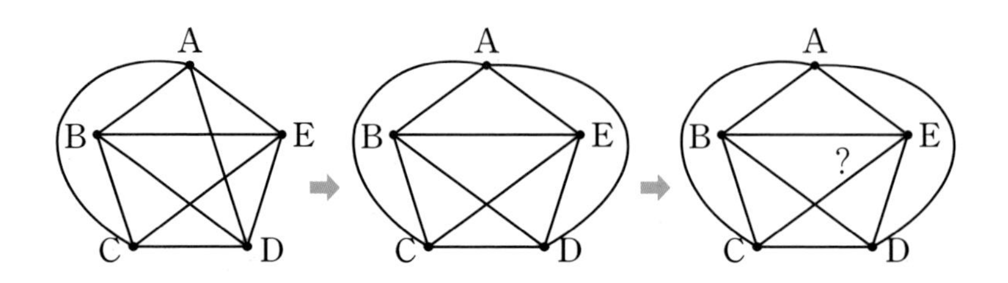

"선생님, 이거 혹시 안 되는 거 아닌가요?"

왜 그렇게 생각하지?

"왠지 위의 그래프랑 다른 게 있을 것 같아서요. 이건 다섯 왕국 이야기인가요?"

문제를 풀지 못했다고 기죽을 건 없단다. 그리고 주미의 예측이 옳단다. 오각형 모양으로 생긴 그래프는 반드시 두 변이 만나는 경우가 생길 수밖에 없단다.

"역시……."

그래프 또한 나름의 분류가 가능하지. 어떤 두 변도 서로 만나지 않도록 조절할 수 있는 그래프와 그렇지 않은 그래프로 분류할 수 있단다. 그런데 이전 수업 시간에서 살펴본 것처럼 그래프를 어떤 두 변도 꼭짓점이 아닌 곳에서는 서로 만나지 않도록 바꿀 수 있다는 것과 평면 지도로 그릴 수 있다는 것은 같은 얘기란다. 네 번째 수업 시간에, 인접한 나라 사이에 도로를 건설하는 방법을 생각해 보면 알 거야. 때문에 평면 그래프의 정의를 이렇게 하기도 한단다.

중요 포인트

평면 그래프

어떤 두 변도 꼭짓점을 제외한 다른 곳에서 만나지 않는 그래프. 또는 그런 그래프로 변형시킬 수 있는 그래프.

또 하나 그래프 중에 특별한 형태를 알아보도록 하자. 아래의 네 그래프는 어떤 공통점을 갖고 있을까?

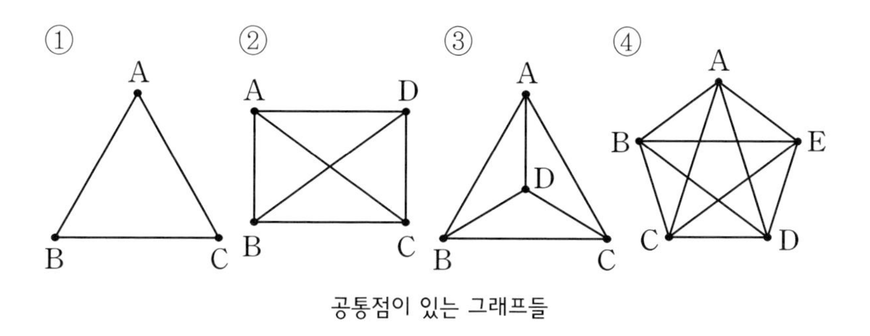

공통점이 있는 그래프들

"우선 ②번이랑 ③번은 같은 그래프예요."

"대각선을 그은 건가?"

"①은 대각선이 없잖아?"

"그렇긴 한데……."

대각선을 보는 게 맞다. 정확히 말하자면 각 꼭짓점에서 뻗어나가는 변의 개수에 주목하렴. ②, ③번은 같은 그래프이니까 ②번을 주목해서 보렴.

"혹시 변의 개수가 꼭짓점 개수랑 관련 있나요?"

그렇단다.

"그럼 이거 아닌가요? ①은 꼭짓점이 3개인데 각 꼭짓점에서 뻗어나가는 변의 개수가 2예요. ②는 꼭짓점이 4개이고, 변의 개수가 3이고요."

옳거니! 잘 찾았구나. 다른 말로 표현하면 어떤 꼭짓점을 보더라도 다른 나머지의 꼭짓점과 연결되어 있지?

"그러네요."

이런 그래프들은 따로 이름을 붙여 분류하고 있는데, 이러한 성질을 갖는 그래프를 '완전 그래프'라고 한단다. 그리고 꼭짓점의 개수를 기준으로 ①은 K_3, ②는 K_4라고 하고…….

"④번은 K_5가 되겠네요."

그래, 맞단다. K_6의 생김새도 알겠지? 육각형을 그리고 꼭짓점을 표시한 후에 대각선 모두를 그리면 되지.

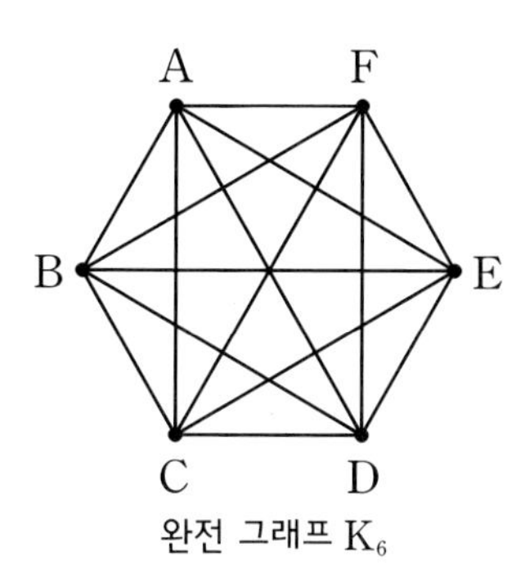

완전 그래프 K_6

아까 평면 그래프의 정의가 '어떤 두 변이 만나려면 반드시 꼭짓점에서만 만나야 하고, 그 외의 다른 곳에서 만나지 않는 그래프'라고 얘기했었지? 그리고 앞 장의 ②번 그래프처럼 두 변이 끝점이 아닌 곳에서 만나더라도 그것과 같은 그래프인 ③번 그래프가 평면 그래프이면 ②번 역시 평면 그래프라고 한단다. 그럼 완전 그래프 중에서 평면 그래프가 아닌 건 뭐지?

"K_3, K_4는 평면 그래프이겠네요. 그리고 K_5는 평면 그래프가 아니고요."

그렇지. 드 모르간이 추측했던 지도 그리고 다섯 왕자의 나라는 모두 평면에서 그릴 수 없는 그래프인 거야. 때문에 드 모르간의 추측은 옳았던 거란다. 물론 당시에는 증명하지 못했지만 말이다.

"그런데 이렇게 쉽게 증명이 되니 약간 허무하네요."

너무 실망하지는 마라. 아직 증명이 된 게 아니니까. 사실 정말로 변이 교차하는 경우가 없는지는 확인해 보지 않았으니까. 몇 번밖에 안 해 봤잖아. 실행할 수 있는 '모든' 경우를 다 해 봐야지. 엄밀한 증명은 다음 수업 시간에 할 거란다. 평면 그래프가 아닌 경우는 완전 그래프가 아닌 경우에서도 찾을 수 있단다. 아래의 그래프를 볼까? 이 그래프 또한 변을 아무리 변형시키더라도 꼭짓점이 아닌 곳에서 만나는 두 변이 반드시 존재한단다.

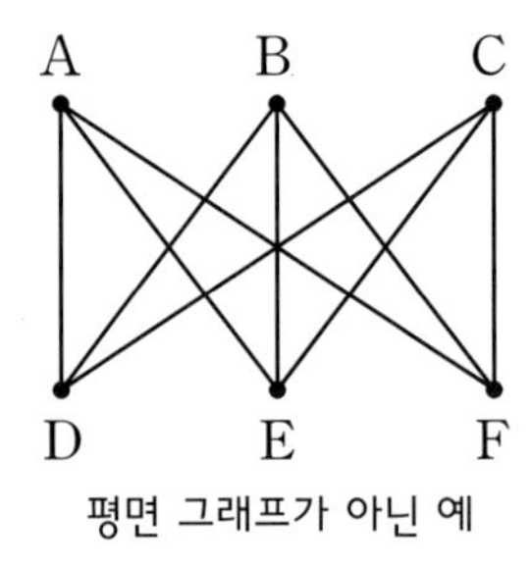

평면 그래프가 아닌 예

이 그래프는 세 개의 꼭짓점이 아래위에 있는데 한 꼭짓점에서 다른 쪽 꼭짓점과 모두 연결된 상태를 표현한 거란다. 꼭짓점 A, B, C는 다른 쪽 꼭짓점 D, E, F와 연결되어 있어. 물론 그 반대로 봐도 마찬가지고. 하지만 같은 쪽 꼭짓점과는 연결되어 있지 않지. 이렇게 생긴 그래프도 이름이 있는데 이를 $K_{3,3}$이라고 이름 붙였단다. 여기서 아랫첨자 3,3은 세 개씩 서로 마주 본다는 뜻이지. 그럼 $K_{2,4}$는 이렇게 생겼을 거라고 예상할 수 있지?

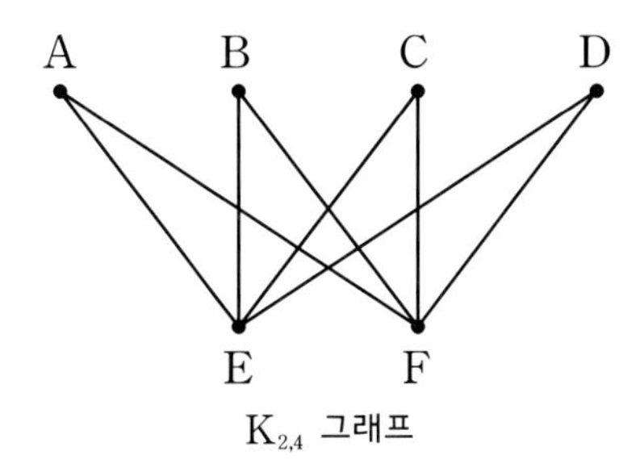

$K_{2,4}$ 그래프

"평면 그래프인지 아닌지 알려면 두 변이 안 만나는지 다 조사해야 하나요? 이 작업 또한 모든 경우를 다 해 봐야 하는 것인가요?"

그렇긴 하지. 꼭짓점을 적당히 이동하고 변을 적당히 변형해서 두 변이 꼭짓점 외의 부분에서 만나지 않도록 할 수 있는 경우가 한 가지라도 있으면 평면 그래프이고, 반대로 모든 방법을 동원해도 항상 꼭짓점이 아닌 곳에서 두 변이 만나는 경우가 생기면 평면 그래프가 아닌데, 평면 그래프인지 아닌지 조사하는 작업은 사실 인간의 손에 의해서밖에 할 수 없겠구나.

"그럼 평면 그래프인지 아닌지 알아보는 것 또한 인간이 할 수 없는 건가요?"

인간의 손이 가는 증명법, 여기서 손이 간다는 것은 인간의 논리력뿐만 아니라 약간의 심미적, 주관적 방법이 개입되는 걸 말하는데 이런 게 증명 기법에 들어가면 사실 증명 자체가 힘들어지지. 4색 정리도 그래서 해결하기 힘들었던 거고. 때문에 수학자들은 평면 그래프가 가지는 또 다른 특징이 있지 않을까 많은 연구를 했고, 어느 정도 성과를 거두었단다. 이제 이걸 알아보자꾸나. 그런데 이건 약간의 계산과 그래프에서 나온 수학 법칙을 이용해서 증명하는 내용이라 좀 어려울 수도 있겠다. 그래도 지금까지 잘 왔으니 크게 걱정은 안 되는구나.

다섯번째 수업 정리

❶ 일반적으로 그래프를 지도로 바꾸는 작업은 네 번째 수업시간에 배웠던 지도를 그래프로 바꾸는 작업의 역순입니다. 하지만 모든 그래프가 지도로 변환되지는 않습니다.

❷ 평면 지도로 변환할 수 있는 그래프를 평면 그래프라고 합니다. 다른 뜻으로 어떤 두 변도 꼭짓점이 아닌 곳에서는 서로 만나지 않도록 바꿀 수 있는 그래프를 말하기도 합니다.

❸ 완전 그래프란 그래프에 있는 어떤 두 꼭짓점을 택하더라도 두 꼭짓점을 연결하는 변이 있는 그래프를 말합니다.

❹ 꼭짓점의 개수가 5개인 완전 그래프 K_5는 평면 그래프가 아닙니다. 때문에 드 모르간의 추측은 참입니다. 또한 다섯 왕국은 현실에서 만들 수 없습니다.

드 모르간의 추측 증명 Ⅱ – 그래프가 갖는 법칙들

그래프가 갖는 여러 법칙들에 대해서 알아봅니다.

여섯 번째 학습 목표

1. 면의 뜻을 이해합니다.
2. 주어진 평면 그래프의 꼭짓점, 변, 면의 개수를 셀 수 있습니다.
3. 오일러의 공식을 알고 증명 과정을 이해합니다.
4. 평면 그래프의 꼭짓점, 변, 면의 개수 사이의 부등식을 찾을 수 있습니다.
5. K_5가 평면 그래프가 아님을 증명할 수 있습니다.

미리 알면 좋아요

1. **문자식** 문자를 사용하여 나타낸 식

2. **부등식** 부등호를 이용하여 나타낸 식

3. **간접증명법** 어떤 명제가 성립함을 증명하고 싶을 때, 가정假定에서 차근차근 순서를 밟아 가며 추론하여 결론을 이끌어내는 증명 기법을 직접증명법, 결론을 부정해서 모순을 유도함에 따라 주어진 명제가 참이라는 것을 증명하는 방법을 간접증명법이라고 합니다.

이번에는 앞 시간에 배웠던 평면 그래프가 아닌 두 예를 중심으로, 그것들이 왜 평면 그래프가 아닌지를 약간은 엄밀하게 따져 보도록 하자.

먼저 다음과 같은 상황에 빠진 한 도시설계사가 있다고 하자. 한 도시에 집이 A, B, C 세 곳이 있는데 세 집에 상수도관, 도시가스관 그리고 전력선을 연결하려고 한단다. 그런데 이 도시 설계사는 세 연결선들이 어느 두 선과 서로 교차하지 않게 설계하려고 한단다. 왜냐면 그것이 훨씬 더 안전하게 설계하는 것이라고 생각했기 때문이지. 과연 이 도시 설계사의 바람은 이루어질 수 있을까? 그리고 이뤄질 수 있었다면 어떤 방법을 사용해야 할까? 아래에 상수도원W, 도시가스저장소G, 발전소E에서 연결선이 공급된다고 하자. 이때 여섯 개의 건물들은 너희들 마음대로 배치해도 좋다.

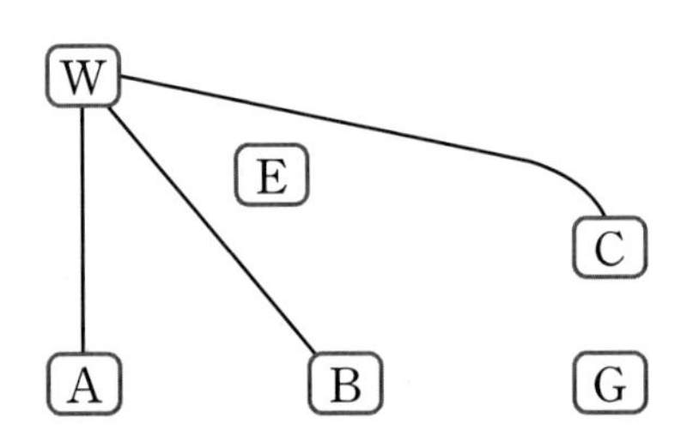

어때? 너희들은 이 도시 설계자를 도와줄 수 있겠니?

"글쎄요, 저희는 불가능하다고 생각하는데요."

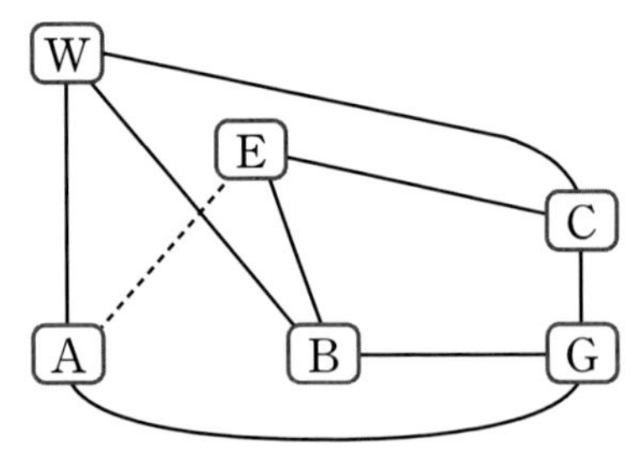

주미와 민수가 시도한 그림. E에서 A를 연결할 수 없다.

우선 문제에서 어떻게 연결을 해야 하는지 정리해 보자. 먼저 A, B, C 사이에는 연결이 있으면 안 되고 W, E, G 사이에도 연결이 있을 필요가 없지. 그런데 집과 공급기관상수도원, 발전소, 도시가스저장소을 묶어서 꼭짓점을 두 부분으로 분류해 본다면 전 시간에 배웠던 이름 붙인 그래프 중 하나가 될 거야.

"아! 두 부분으로 나눠서 나머지 묶음에 있는 것들과 다 연결되게 한 거요?"

"그러네요. 이걸 모양을 예쁘게 만들면 이런 그림이 되겠어요. 이게 $K_{3,3}$의 예군요."

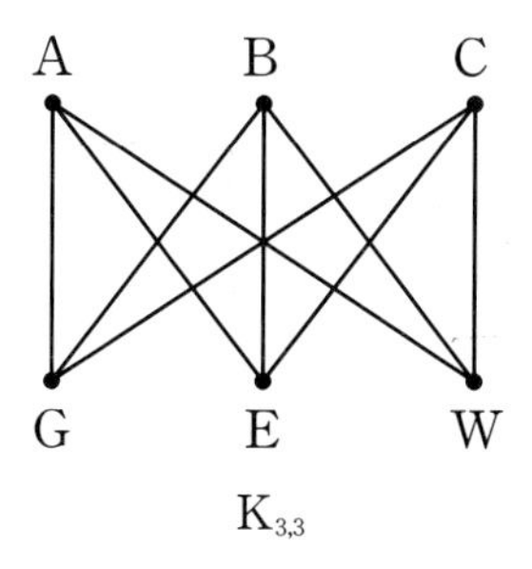

$K_{3,3}$

그렇단다. 그런데 도시 설계사의 바람이란, 그래프로 본다면 변들이 서로 만나는 경우가 없도록, 그러니까 꼭짓점에서만 만나도록 하는 것이니까 '평면 그래프' 가 되겠지. 그런데 $K_{3,3}$은 절대 그렇게 그릴 수가 없어. 그건 평면 그래프가 아니거든.

“알겠어요. 그래서 TV에서 봤는데 도시의 땅을 파 보면 여러 전선들이랑 상하수도관이 어지럽게 얽혀 있어 위험하다고 한 것 같아요. 그런데 그게 어쩔 수 없는 거군요.”

그렇지. 하지만 우리가 사는 곳은 평면이 아니고 3차원 공간이니까 관이 묻힌 깊이를 달리하면 공급이 가능해지지. 그래도 두 공급선이 교차하는 지점이 어디인지 설계도상에 명시해야겠지? 그래야 사고를 예방할 수 있으니까.

그런데 이전 시간에도 얘기했듯이 복잡한 모양, 변과 모서리가 많은 그래프의 경우 일일이 변을 변형시키고 꼭짓점을 이동하면서 두 변이 교차하지 않도록 할 수 있는지 조사하는 것은 매우 번거롭고 비효율적이란다. 그래서 조금은 엄밀하게 수학적으로 접근을 해 보고자 한다. 먼저 아래의 그래프를 볼까?

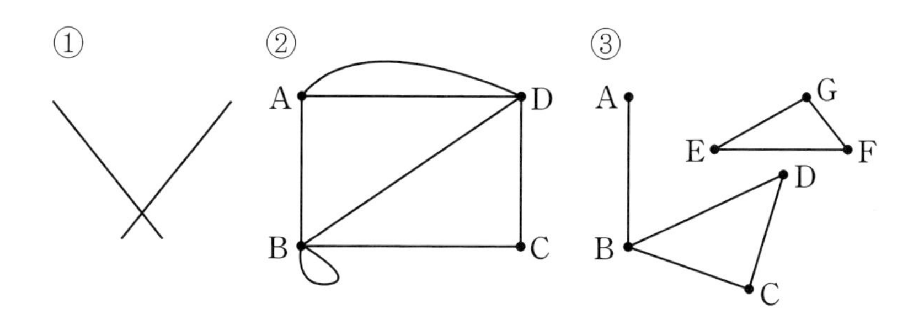

세 개 다 그래프라고 할 수 있지. 그런데 ①번과 달리 ②번은 조금 특이하지 않니?

"네, B에서 한 바퀴 돌고 있네요. 자기가 자기랑 연결됐어요."

"그리고 A, D는 두 번 연결됐네요. 이래도 괜찮은가요?"

그래프의 정의에 따르면 점과 선이 있으면 다 그래프니까 ②번도 그래프야. ③은 어때?

"그래프가 두 개네요."

"두 개를 하나로 보는 건가요?"

그렇단다. 하나의 그래프 속에 독립된 두 개의 그래프가 있지? 그러니까 연결되지 않은 집단이 있는 셈이지. 세계 지도에서 아프리카랑 아메리카가 떨어져 있는 것과 같은 이치지.

②번처럼 한 변의 양끝점이 같은 꼭짓점에서 만나는 경우가 있을 때, 혹은 두 꼭짓점을 연결하는 변의 개수가 2개 이상인 경우가 있을 때, 이런 그래프를 '복합 혹은 복잡 그래프multi graph' 라고 부른단다. 그럼 ①번이나 ③번처럼 그런 경우가 없는 그래프를 '단순 그래프simple graph' 라고 하지."

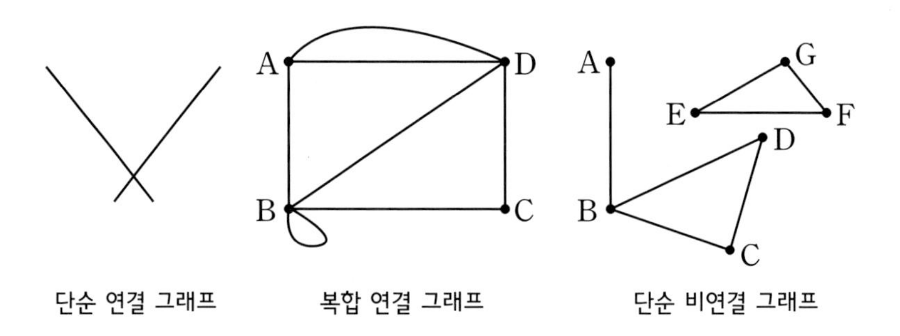

A
D
B
C
A
G
E
F
D
B
C
두 번째랑 세 번째 그래프는 특이한데요?
②번 그래프처럼 한 변의 양 끝점이 같은 꼭짓점에서 만나거나
두 꼭짓점을 연결하는 변의 개수가 2개 이상일 때 '복합복잡그래프'라고 부른단다.
①번이나 ③번은 '단순그래프simple graph' 라고 하지.
하지만 ③번은 두 그래프가 서로 떨어져 있잖아요.
그래, 붙어 있는 그래프는 '연결그래프' 그리고 서로 연결되지 않은 그래프는 '비연결그래프'라고 부르지.
연결 그래프
비연결 그래프
외우자
연결!
비연결!

"선생님, 그럼 ③번 같이 두 그래프가 분리되어 있는 건 뭐라고 부르나요?"

그건 연결되지 않았다는 의미로 '비연결 그래프disconnected graph'라고 한단다. 그리고 ①번이나 ②번처럼 모든 꼭짓점들끼리 변을 이용해서 연결할 수 있는 그래프를 '연결 그래프connected graph'라고 한단다.

우리는 이 중에서 ①번처럼 예쁜 그래프만을 분석할 거란다. 우리의 목표는 4색 정리이니까 ②번과 같은 경우는 생기지 않을 것이고 ③의 경우는 두 부분의 그래프에 색칠을 하는 게 서로 영향을 미치지 않을 거니까 생각하지 않아도 된단다.

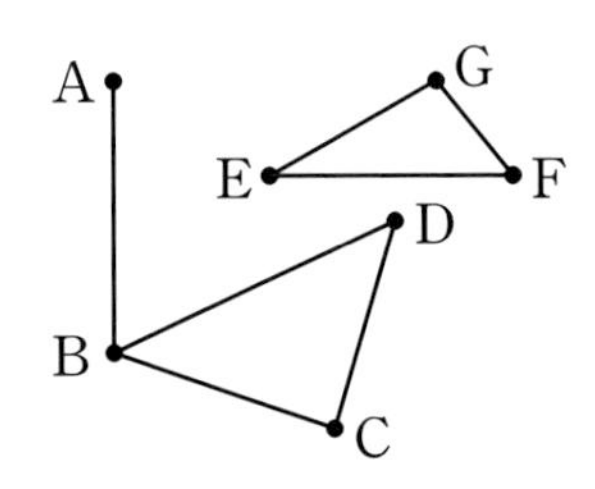

이 그래프를 색칠할 때 A, B, C, D를 색칠하는 것과 E, F, G를 색칠하는 것은 서로 아무런 영향을 미치지 않는다.

이제 단순 연결된 평면 그래프가 갖는 고유의 성질을 알아보도록 하자. 그래프를 그려 보면 가끔 꼭짓점들 간에 변이 있어서 평면을 두 부분으로 나누는 경우가 생긴단다. 아래의 그래프를 보면 꼭짓점 A, B, C 사이에 변이 연결된 상태가 평면을 외부와 내부로 분리하는 것처럼 보이지 않니? 이처럼 그래프가 평면을 어떤 구역으로 나눌 때, 이 나누어진 구역을 '면' 이라고 한단다.

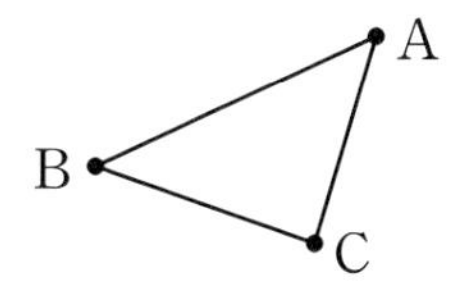

평면이 그래프의 외부와 내부로 나뉘어졌다.

그러니까 위의 그래프는 평면을 두 부분으로 나누지. 그래서 이 그래프는 두 개의 면을 갖는다고 할 수 있단다.

"그럼, 평면 그래프가 아니면요?"

K_5의 경우를 볼까? 이 경우에는 아무리 해도 서로 만나는 두 변이 생길 수밖에 없지. 그렇기 때문에 면을 정의하기 애매해진단다. 이때는 다른 방법으로 면을 정의하지만 지금은 잠시 접어 두자꾸나.

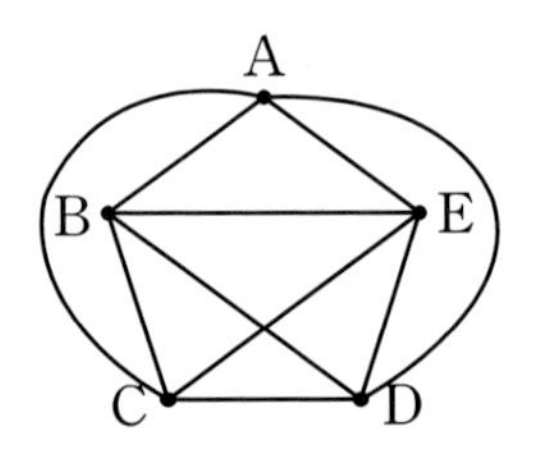

B, C, D, E 사이에 변이 있지만 내부에도 변이 있기 때문에 면을 정의하기가 어렵다.

자, 그럼 평면 그래프는 크게 세 부분으로 구성된단다. 꼭짓점, 변, 그리고 면으로 말이다.

"그런데 면이 없는 평면 그래프도 있지 않을까요? 이런 건 면이 없지 않나요?"

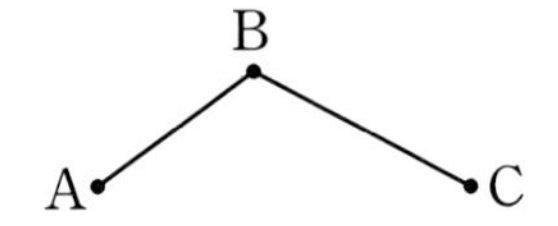

그렇게 볼 수 있는데 아까 면을 평면이 나눠진 개수라 했었지? 그러니까 이 그래프는 한 개의 면, 그러니까 평면 1개를 가진다고 한단다.

"네, 그렇군요."

그럼, 아래의 그래프는 꼭짓점, 변, 면이 모두 몇 개인지 세어 볼래?

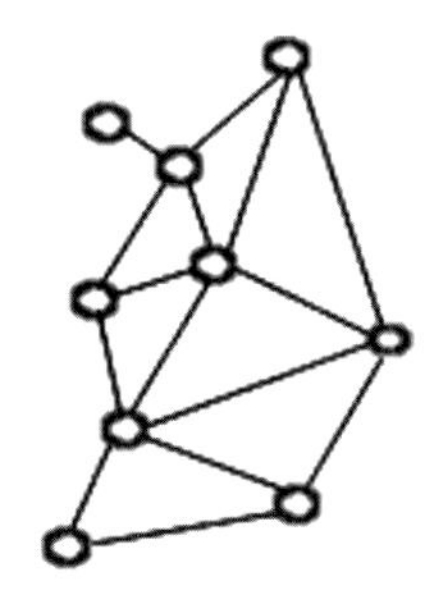

“음, 꼭짓점은 9개, 변은 15개, 면은 8개예요. 바깥 면까지 세어서요.”

잘했구나. 그런데, 이들의 개수 사이에는 뭔가 특별한 법칙이 있단다.

“그게 뭔데요?”

혹시 수학자 오일러라고 들어 봤니?

“들어 본 것 같아요.”

“꽤 유명하고 똑똑했다고 그랬어요.”

맞단다. 매우 유능하면서 인품도 후덕했지. 방대한 저술과 번뜩이는 직관에 모두들 감탄했지. 오일러가 추측했던 것 중 하나가 위의 평면 그래프의 변, 꼭짓점, 면의 개수 사이의 관계였단다. 수학자들은 오일러의 공식 혹은 오일러의 정리라고 부르지. 오일러의 공식은 매우 간단하단다.

중요 포인트

연결된 단순 그래프에서
(꼭짓점의 개수)−(변의 개수)+(면의 개수)=2

"방금 우리가 했던 그래프에서 꼭 들어맞네요. 9－15＋8＝2니까요. 다른 그래프도 된다는 건가요?"

물론. 그러니까 공식이라고 하겠지. 이 공식은 어느 수학 분야를 막론하고 유용하게 잘 쓰이고 있지. 특히 위상수학을 다루는 사람들은 이 공식의 덕을 꽤 보고 있단다.

"증명해 주실 건가요?"

증명 자체는 아직 너희들에게 가르쳐 주기 어렵지만, 그림으로 증명의 흐름을 같이 보는 걸로 하자. 자, 어떤 그래프가 있다고 하자. 아래의 그래프처럼 말이다.

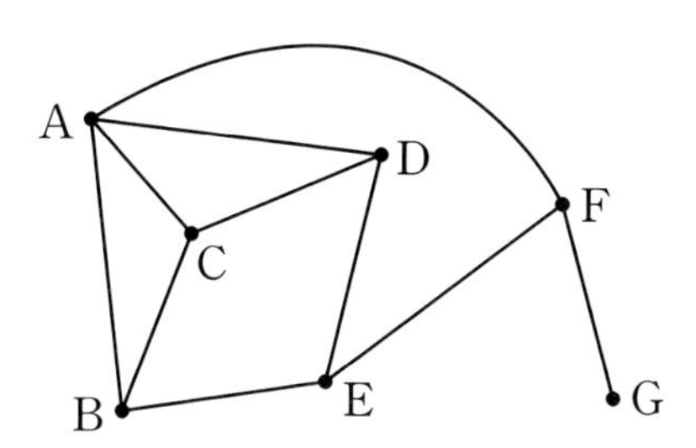

두 변이 만나는 곳이 꼭짓점밖에 없으니까 이 그래프는 평면 그래프이고, 또 단순 그래프이면서 연결 그래프이지. 이 그래프의 꼭짓점, 변, 면의 개수는 각각 7개, 10개, 5개이지.

이제부터 할 작업은 변을 하나 없애서 면을 줄이는 것이란다. 그런데 특이하게도 변을 하나 줄이면 자연스레 면도 하나 줄어들게 된다는 것이지. 두 개의 면이 하나로 합쳐지는 것이란다. 이 작업을 면이 하나밖에 남지 않을 때까지 계속 하는 거야. 그때마다 면과 변의 개수가 하나씩 감소하니까 오일러의 공식에서 좌변인 (꼭짓점의 개수)−(변의 개수)+(면의 개수)의 값은 변함이 없을 거지.

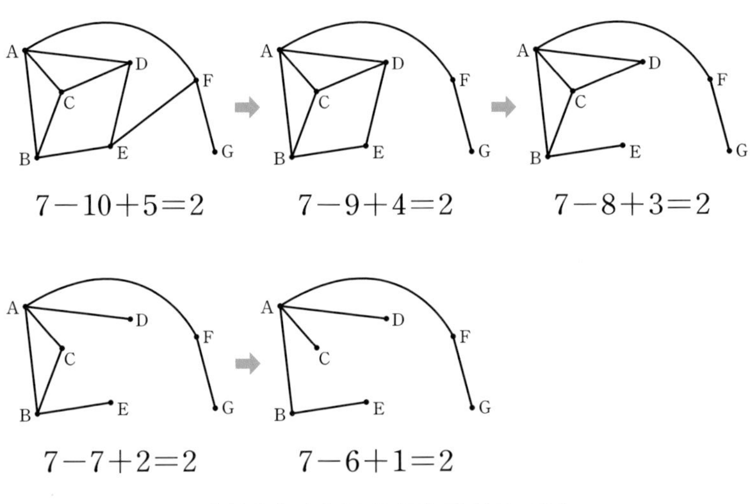

면 하나가 사라지도록 변을 제거하는 과정

이때 주의할 것은 면이 사라지도록 제거해야 한다는 거란다.

위의 두 번째 과정에서 D, E를 잇는 변 대신 A, F를 잇는 변을 없애면 안 돼. 그럴 경우 아래 그림처럼 되는데,

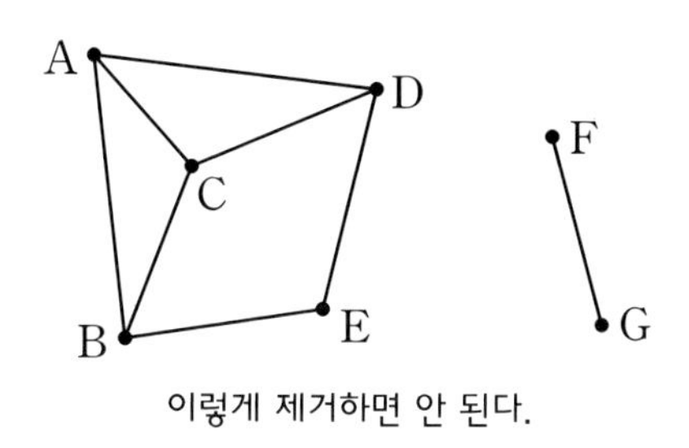

이렇게 제거하면 안 된다.

이 경우는 연결 그래프가 아니게 되지. 그러니까 변을 제거하면서 만들어진 평면 그래프 또한 여전히 단순하고 연결되어 있어야 해.

자, 그럼 면이 하나인 마지막 그래프를 볼까?

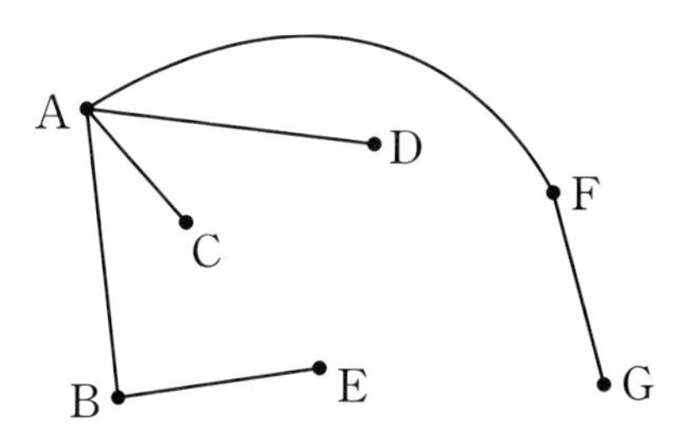

이제부터는 꼭짓점과 변을 한꺼번에 뺄 거야. 역시 연결되어

있어야 하는 건 당연하지. 그럼 같이 빼도록 하자. 언제까지 하냐면 변이 남지 않을 때까지. 먼저 꼭짓점 G와 G에서 출발하는 변을 빼자. 그 다음엔…….

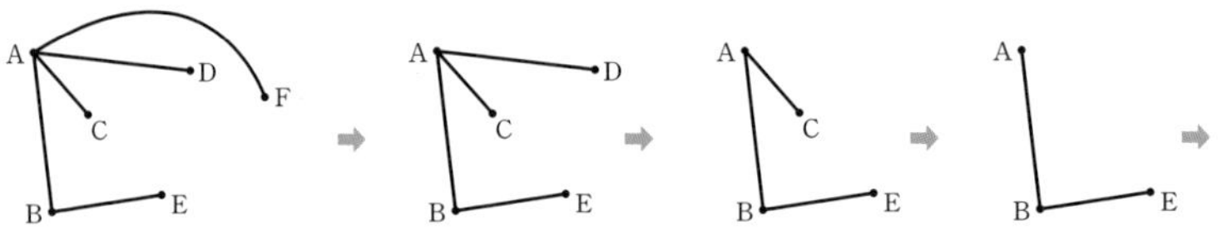

6－5＋1＝2　5－4＋1＝2　4－3＋1＝2　3－2＋1＝2

2－1＋1＝2　1－0＋1＝2

그런데 (꼭짓점의 개수)－(변의 개수)＋(면의 개수)의 값은 여전히 변하지 않지. 이젠 변의 개수가 줄어드는 만큼 꼭짓점의 개수도 같이 줄어드니까 말이다. 자! 맨 마지막에 꼭짓점 1개만 있는 그래프가 됐다. 이 그래프의 면의 개수는 1개, 변의 개수는 0개, 꼭짓점의 개수는 1개니까 1－0＋1＝2가 되지. 따라서, 지금까지의 제거 과정에도 (꼭짓점의 개수)－(변의 개수)＋(면의 개수)의 값은 변함이 없었는데 최후에 그 값이 2로 나오지. 때문에 단순 연결 평면 그래프일 때 (꼭짓점의 개수)−(변의 개수)+(면의 개수)의 값은 2가 성립한단다. 이걸 오일러의 공식이라고 한단다.

"멋있어요. 공식도 깔끔하네요."

그럼. 이 공식을 수학자들은 세상에서 가장 아름다운 공식 중 하나로 인식하고 있지.

"그렇다면 이 공식으로 평면 그래프인지를 확인하는 건가요?"

할 수만 있다면. 그런데 많은 그래프는 변이 서로 교차하는 경우가 있을 수 있지. 때문에 면의 개수가 몇 개인지를 몰라서 적용하기가 힘들단다.

"공식은 아름다운데 쓸모는 없다는 건가요?"

불행히도. 하지만 이 공식을 이용해서 다른 방법으로 조사를 하지.

"어떻게요?"

다른 방법을 알아보기 전에 사실 변의 개수, 꼭짓점의 개수, 면의 개수를 계속 쓰다 보니 귀찮고 읽기도 힘들고, 무엇보다 쓰는 데도 시간이 걸리지? 그래서 수학자들은 공식을 통해서 이걸 간단히 표현한단다.

꼭짓점은 영어로 vertex란다. 그래서 이니셜을 따서 그 개수를 v로 표현하지.

변은 영어로 edge란다. 그래서 이니셜을 따서 그 개수를 e로 표현하지.

면은 영어로 face란다. 그래서 이니셜을 따서 그 개수를 f로 표현하지.

그러면 오일러의 공식은 아래처럼 아름답고 간단하게 표현되지.

$$v-e+f=2$$

"이제야 진짜로 아름답게 보이네요."

"수학 공식은 딱딱하게만 여겨졌는데 이렇게 보니 외우기도 쉽겠어요."

단순 연결 평면 그래프에서 꼭짓점의 개수를 v, 변의 개수를 e, 면의 개수를 f라 하면 $v-e+f=2$가 성립한단다.

"좀 어렵네요. 아직 문자들도 다 못 외웠는데……."

"역시 수학은 어려운가?"

얘들아, 수학을 아무리 좋아하고 잘하는 사람도 처음 들은 내용을, 그것도 상급학교의 내용을 한 번만 듣고 이해하지는 못 해. 정말로 그런 사람이 있다면 그 사람은 영재나 천재 소리를 듣게 되지. 너희들은 아직 배움의 기회가 많잖니? 그러니까 너무 조급해 하지 말고 천천히 따라 오면 된단다.

"네."

자, 이제부터 소개할 공식은 오일러의 공식과 생김새가 다르단다. 오일러의 공식은 양변에 서로 같은 등호를 사용했지만, 지금 소개하는 공식은 부등호를 이용한 식이란다. 먼저 어떤 평면 그래프가 있다고 하자. 그리고 그 그래프는 단순하며 연결되어 있다고 하자. 그럼 오일러의 공식이 성립하겠지?

"네, $v-e+f=2$예요. 이때 v는 꼭짓점의 개수, e는 변의 개수, f는 면의 개수입니다."

잘 알고 있구나. 여기서 면과 변 사이의 관계를 보기로 하자. 학교에서 삼각형이나 사각형을 배우다 보면 역시 면이 나오지? 그런데 면이란 게 생기려면 변이 최소한 몇 개가 필요할까?

"최소한 3개 이상이라고 배웠어요. 삼각형이 변의 개수가 가장 작은 다각형이라서 그렇대요."

"맞단다. 면 1개를 만들려면 최소한 변이 3개 필요하지. 하지만 4개의 변이 모여 1개의 면을 만드는 경우도 있어. 오일러의 공식을 증명할 때 사용했던 그래프를 볼까?다음 그림 참조 여기서 면 CBED의 경우에는 변 4개가 사용됐지.

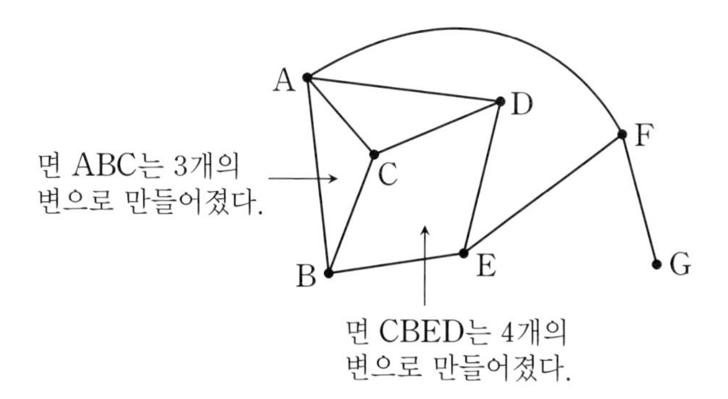

그런데 평면 그래프의 변과 면 사이에는 또 다른 특징이 있어. 방금 공부했던 그래프를 다시 볼까?

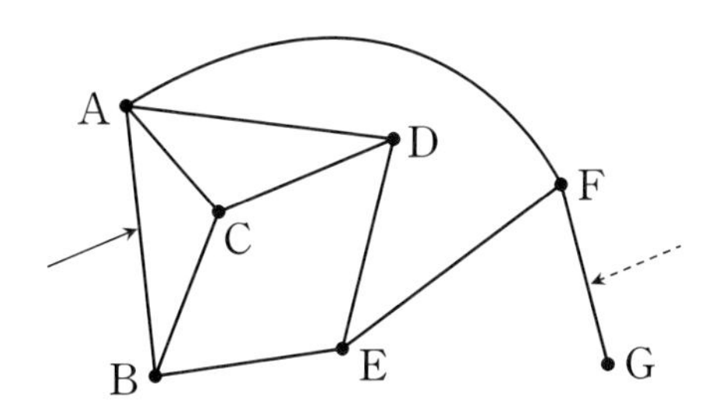

앞으로 변에도 이름을 줄 건데 변의 양 끝 꼭짓점의 이름을 따서 '변 A, B' 라고 표현하겠다. '변 A, B' 는 꼭짓점 A, B를 연결하는 변을 말해. 위에서 실선 화살표가 가리키는 변이지. 평면 그래프에서는 두 꼭짓점을 연결하는 변은 하나뿐이니까 혼동할

염려는 없을 거야. 그럼 변 A, B는 안쪽과 바깥쪽 면, 2개의 면과 붙어 있지. 그러니까 변 A, B는 두 개의 면을 만드는 데 기여하고 있다고 볼 수 있지. 그런데 변 F, G는 좀 다르지. 변 F, G는 그림에서 점선 화살표가 가리키고 있는 변인데, 이 녀석은 면을 만드는 데 기여한다고 보기 어렵지.

이 두 가지 성질을 이용해서 하나의 부등식을 만들어 볼게.

우선 주어진 그래프의 꼭짓점의 개수를 v, 변의 개수를 e, 면의 개수를 f라 두자. 그다음 그래프를 살펴봐서 위의 변 F, G처럼 면을 만드는 데 기여하지 못하는 변들을 가지쳐서 새로운 그래프를 만들어 보자. 보기 그래프에서는 변 F, G와 꼭짓점 G를 빼서 새로운 그래프를 만들어 보자.아래 그림 참조

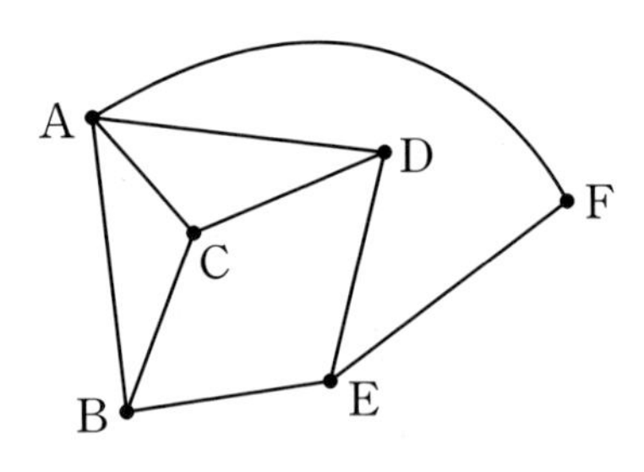

변 F, G와 꼭짓점 G를 뺀 그래프

이 새로운 그래프는 이전 그래프와 면의 개수는 동일하지만, 변과 꼭짓점의 개수는 달라졌어. 새로운 그래프의 꼭짓점의 개수를 v', 변의 개수를 e'이라 두자. 아마 v', e'의 값은 이전 그래프의 값 v, e 보다 작거나 같아. 아마 가지칠 게 없다면 이전 값과 동일하겠지. 이를 식으로 나타내고 식을 ①이라고 이름 붙이자.

$v \geq v', \quad e \geq e'$ … ①

새로운 그래프를 보면 모든 변이 두 개의 면과 붙어 있지. 또한 3개 이상의 변이 모여 하나의 면을 만들고 있지. 지금 만들 관계식은 면의 개수 f와 변의 개수 e 사이의 관계식이야. 아래 그림을 볼까?

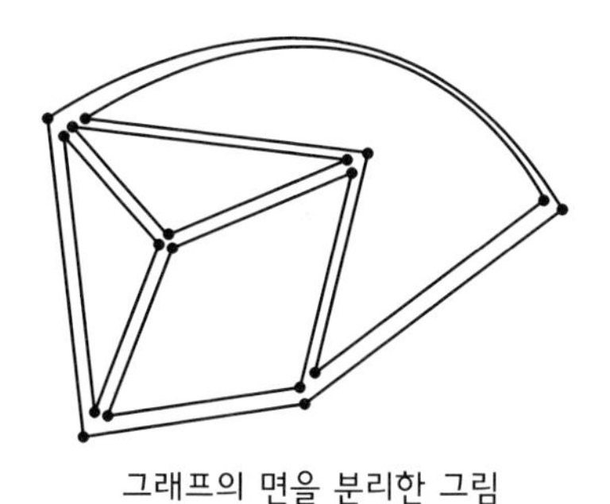

그래프의 면을 분리한 그림

이 그림을 보면 방금 했던 얘기를 이해할 수 있을 게다. 우선 하나의 면을 만드는 데 3개 이상의 변이 사용됐다는 걸 알 수 있고, 또 면을 만드는 데 변이 꼭 2번 사용됐지. 보통 다각형에서 변의 개수는 면의 개수에 3을 곱한 값보다 크거나 같아. 이건 그래프의 면과 변 사이에도 성립하는 성질이지. 그런데 그래프의 경우 면들이 붙어 있으니까 실제 면의 개수에 3을 곱한 값에는 변이 2번 셈한 게 되지. 따라서 2를 나누면 다음과 같은 부등식이 성립한단다.

$e' \geq (3 \times f) \div 2$

즉 $2 \times e' \geq 3 \times f$

그런데 원래 그래프의 변의 개수 e와 e' 사이의 관계식이 ①번 식에 있지? $e \geq e'$를 위의 식과 연결하면?

"$2 \times e \geq 2 \times e' \geq 3 \times f$니까 $2 \times e \geq 3 \times f$가 된다는 거죠."

맞아. 단순 연결된 평면 그래프에서 변의 개수 e와 꼭짓점의 개수 f 사이에는 부등식 $2 \times e \geq 3 \times f$ … ②가 성립해. 이 식을 ②번 식이라고 놓자. 앞서 단순 연결된 평면 그래프에서는 항상 오일러의 공식 $v - e + f = 2$가 성립한다고 했지. 오일러의 공식에 위의 ②번 식을 결합해서 하나의 식으로 나타내려고 해. 가장 문제가 되는 게 면의 개수 f지. 실제로 변들이 꼭짓점이 아닌 지점에서 만나지 않도록 변형한 다음에야 면의 개수를 셀 수 있는데 그 변형 작업이 힘들거든. 그래서 위의 두 식에서 면의 개수 f에 대한 정보를 없애려고 해.

오일러의 공식이 멋진 이유는 평면 그래프라면 면의 개수를 몰라도 꼭짓점과 변의 개수만 알면 면의 개수를 구할 수 있다는 데 있어. 바로 $f=2-v+e$를 이용하는 거야. 오일러의 공식에서 몇 개를 우변으로 이항해서 만든 거야. 이 식을 위의 부등식 ②번 식에 대입해. 부등식의 f 대신 바로 위의 등식 f를 대입하는 거야. 그러면 아래처럼 변과 꼭짓점 사이의 관계식이 하나 등장한단다.

$$2\times e\geq 3\times(2-v+e)$$

괄호를 정리하면 다음 식이 나온단다.

어떤 그래프가 단순 연결된 평면 그래프이면 아래의 부등식이 항상 성립한다.

$$e\leq 3\times v-6$$

$e \leq 3 \times v - 6$

이로서 평면 그래프인지를 알 수 있는 방법이 하나 더 등장했구나.

"그러니까 불확실한 면의 정보는 제거하고 알고 있는 정보만으로 평면 그래프 판별법을 쓴 거군요. 수학자들은 참 머리가 좋은가 봐요. 이런 걸 다 생각해내고 말이에요."

그럼 이 사실을 가지고 정말 K_5가 왜 평면 그래프가 아닌지를 알아보자.

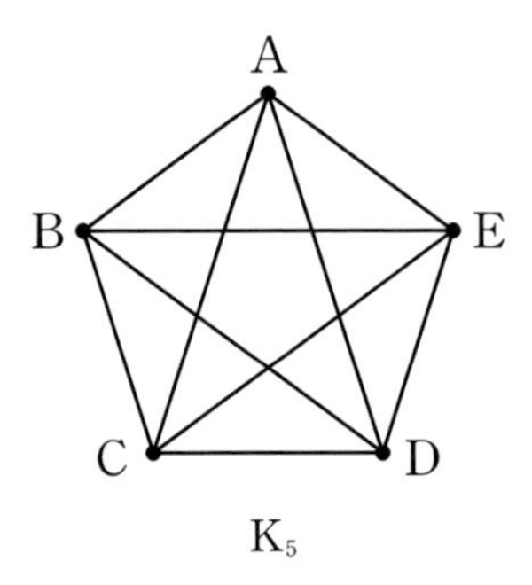

K_5

이 그래프의 면의 개수는 세기 애매해도 변의 개수와 꼭짓점의 개수는 보이지? 변의 개수 $e=10$, 꼭짓점의 개수 $v=5$라는 걸 알겠니? 주의할 것은 변이 만나는 점이 다 꼭짓점은 아니란다. 그냥 교차하기만 한 거란다. 그럼 위의 부등식에 v, e의 값을 대입했을 때 식이 성립하는지 확인해 보렴.

"$10 \leq 3 \times 5 - 6 = 9$? 어라. 부등식이 이상하네요. 부등호 방향이 틀려요. 이게 어떻게 된 거죠?"

이렇게 말할 수 있지. 이 그래프는 평면 그래프가 아니라고. 왜냐 하면? $e \leq 3 \times v - 6$이 성립하지 않으니까. 평면 그래프라면 성립해야 하거든. 어때, 증명이 너무 간단하지?

"듣고 보니 그러네요. 이 공식으로 모든 그래프가 평면 그래프인지 아닌지 알 수 있겠네요? e와 v의 개수만 세어서 말이에요."

불행히도 아니구나. 명제를 다시 읽어 볼래? 주어진 식은 평면 그래프라면 반드시 성립한다고 되어 있지? 하지만 평면 그래프가 아니라고 해서 부등식이 성립하지 않는다고 말을 할 수는 없단다.

"왜요? 평면 그래프라서 성립하는 거니까, 평면 그래프가 아니면 성립하지 않는다고 할 수 있잖아요?"

이 부분은 좀 어려운 부분인데, 아래의 그래프는 평면 그래프는 아니지만 불행히도 $e \leq 3 \times v - 6$는 성립한단다.

$9 \leq 12$. 성립하지?

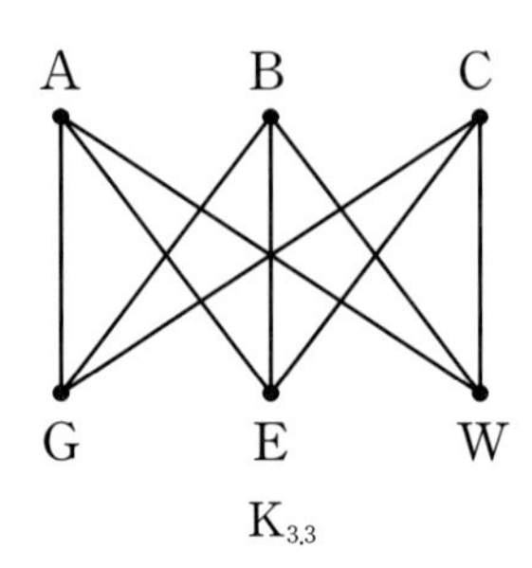

$K_{3,3}$

"이 그림은 아까 전기선 같은 거 연결할 때 나온 거잖아요?"

"그러네요. 이상하네요. 평면 그래프가 아닌데……. 잘 이해가 안 돼요."

그러니까 주어진 명제는 평면 그래프인 경우에 성립하지만, 평면 그래프가 아닌 경우에는 그렇지 않다는 말은 하지 않고 있단다. 그러니까, 평면 그래프가 아니어도 $e \leq 3 \times v - 6$이 성립할 수 있어. 이걸 수학 용어로 '참인 명제의 역이 항상 참인 것은 아니다' 라고 말하지. 이 대목에서는 명제의 역, 이, 대우를 아는 게 필요하겠구나. 최근에 러셀이 명제와 논리 이야기를 들려주고 있던데 《러셀이 들려주는 명제와 논리 이야기》에서 '역, 이, 대우'를 공부하면 왜 그런지 알 수 있을 거다.

“선생님, 그럼 여전히 평면 그래프를 찾아내는 필승 해법은 없는 건가요?”

있기는 한데, 아직 너희들에게 알려주기엔 너무 어렵구나. 이 부분은 커서 공부하면 좋겠다. 그런데, 너희들 아니? 우리가 드모르간의 추측을 증명했다는 것 말이야.

여섯번째 수업 정리

1 단순 연결 그래프

그래프가 하나로 뭉쳐 있고, 변의 양끝에서 만나는 꼭짓점은 반드시 다르고, 두 꼭짓점이 변으로 연결되어 있다면 그러한 변이 반드시 1개뿐인 그래프를 단순 연결 그래프라고 합니다.

2 면

평면 그래프에서 꼭짓점과 변의 배치로 인해 평면을 어떤 구역으로 나누었을 때, 평면을 나눈 구역을 면이라고 합니다. 평면 그래프는 꼭짓점, 변 그리고 면으로 구성되어 있습니다.

3 단순 연결된 평면 그래프의 오일러 공식은 다음과 같습니다.

(꼭짓점의 개수)−(변의 개수)+(면의 개수)=2

즉, $v-e+f=2$

❹ 평면 그래프는 다음과 같은 부등식이 성립합니다.

$$e \leq 3 \times v - 6$$

때문에 K_5는 이 부등식을 만족하지 않으므로 평면 그래프가 아닙니다. 드 모르간의 추측이 증명되었습니다 그런데 위의 부등식이 성립한다고 해서 그 그래프가 평면 그래프라고 할 수는 없습니다. 평면 그래프가 아니지만 위의 부등식이 성립하는 경우도 있습니다.

착색수 Chromatic number

착색수의 뜻에 대해서 알아보고, 모든 그래프는 착색수를 가진다는 것을 알 수 있습니다.

일곱 번째 학습 목표

1. 최소한의 색을 써서 지도를 색칠할 수 있습니다.
2. 착색수의 뜻과 모든 그래프는 착색수가 있다는 것을 이해합니다.
3. 착색수를 계산하는 알고리즘을 이해하고 그래프에 적용할 수 있습니다.

미리 알면 좋아요

알고리즘 어떤 문제를 해결할 때 그 처리 순서를 정해서 하면 훨씬 해결 가능성이 높아집니다. 문제 해결에 필요한 처리 과정의 순서를 단계적으로 정리한 것을 알고리즘이라고 합니다.

자, 그래프도 공부했고 또 지도를 그래프로 바꾸는 연습도 해 봤으니 직접 지도에 색칠해 보자꾸나.

"색은 몇 가지로 칠해요?"

가능한 한 적은 색을 쓰면 좋겠지? 무슨 지도를 색칠할까? 아! 대한민국 지도에 색칠하는 게 좋겠다.

"색칠을 쉽게 하는 방법이 있나요?"

글쎄, 한번 찾아볼래?

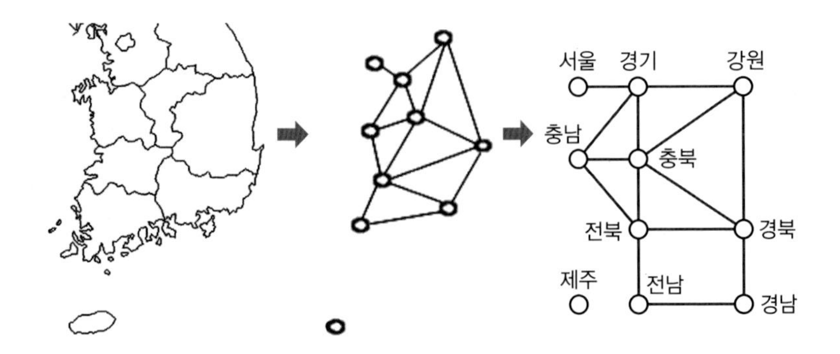

"미리 가르쳐 주시면 안 돼요?"

가장 좋은 방법은 없단다. 그리고 자신만 알고 있는 공식이나 방법을 갖고 있는 것도 좋겠다는 생각이 드는구나.

주미와 민수는 빠르게 지도에 색칠하기 시작했습니다. 색은 빨간색, 파란색, 노란색, 초록색 순으로 칠하기로 합의했습니다.

"민수야, 넌 어느 곳부터 칠할 거니?"

"난 서울부터 할래. 주미 너는?"

"맨 먼저 칠하는 곳이 어디가 되어야 좋을까? …… 난 충청북도부터 할까?"

민수의 방법은 이렇습니다. 서울을 빨간색으로 칠하고 서울과 맞닿은 경기는 파란색, 그 다음에 강원과 충남에 각각 파란색이 아닌 색으로 노란색, 빨간색을 칠하고 충북은 세 가지 색과 겹쳐서 별 수 없이 초록색을 칠했습니다. 나머지 지역도 색칠해 나갔는데 제주도는 아무 색이나 칠해도 됨을 알게 되었습니다. 이렇게 칠하니 4색이 필요했습니다.

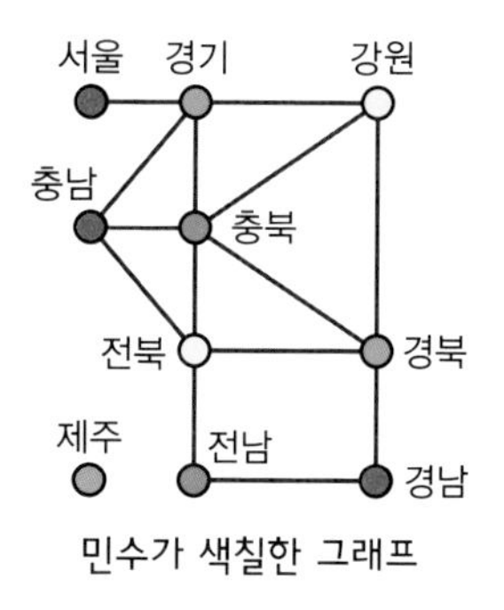

민수가 색칠한 그래프

주미의 방법은 이렇습니다. 충북, 강원, 경북은 다른 색으로 칠할 수밖에 없어 보였습니다. 그래서 각각 빨간색, 파란색, 노란색을 칠했습니다. 다음 경기는 빨간색, 파란색이 아니어야 해서 노란색을, 전북은 파란색을 칠했습니다. 그러고 보니 충남은 세 가지 색과 모두 맞닿아 있게 돼서 초록색을 칠했습니다. 서울은 노란색만 아니면 되니 빨간색을 칠했습니다. 역시 제주도는 아무 색이나 칠해도 되니 빨간색을 주었고 전남, 경남에는 빨간색, 파란색을 칠했습니다. 역시 4색이 필요했습니다.

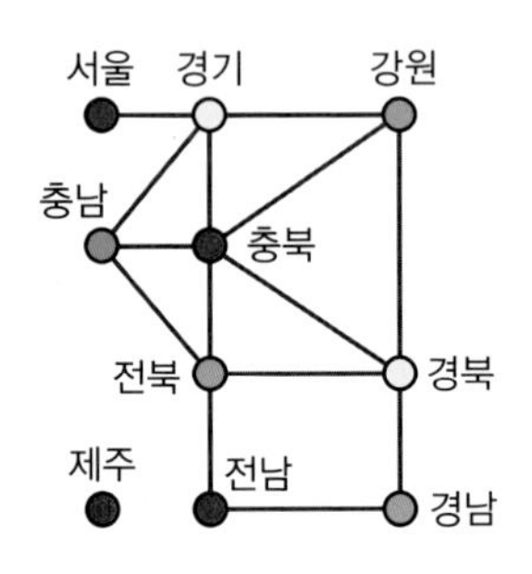

“선생님, 다 칠했어요. 그런데 주미랑 칠한 게 달라요. 어쨌든 4색이 필요해요.”

잘 했다. 칠하는 방법이 달랐으니 결과도 다르게 나올 수 있겠지. 어쨌든 네 가지 색이 필요하다는 건 똑같이 나왔구나. 색칠하면서 어떻게 색칠하면 좋겠다는 편한 방법이 있어 보이니?

“글쎄요, 선생님. 딱히 그런 건 없는데 중간에 선택의 고민이 필요해요.”

“색칠할 때 이미 칠한 색으로 최대한 칠해 보고 안 되면 다른 색을 추가하는 게 좋을 것 같아요. 그리고 충북, 강원, 경북은 무조건 다른 색이 되니까 먼저 이것부터 칠했어요."

주미가 칠을 좀 더 잘한 것 같구나. 최대한 색을 적게 써야 하니까 주미의 전략은 좋은 방법이라고 생각되는구나. 그리고 반드시 다른 색으로 칠할 수밖에 없는 꼭짓점들을 찾아내는 것도 좋은 방법이구나.

그래프를 색칠할 때 그 방법은 다를지 몰라도 사용한 색칠의 최소 개수는 같게 된단다. 그래서 그래프를 색칠할 때 k개의 색으로는 색칠할 수 있지만 $(k-1)$개의 색만으로는 색칠할 수 없을 때, k를 이 그래프의 착색수, 혹은 채색수Chromatic number라고 한단다. 대한민국의 착색수는 4라고 할 수 있지.

"평면 지도는 4색만으로 칠할 수 있다면서요? 그럼 평면 지도는 착색수가 4 아닌가요?"

평면 지도를 4색만으로 색칠할 수 있다고 했지만 3색, 2색으로 칠할 수 있는 지도도 있단다. 때문에 평면 지도라 해서 착색수가 무조건 4는 아니란다. 가장 대표적인 평면 그래프로 완전 그래프 K_3, K_4를 들 수 있는데 이 녀석들은 모든 꼭짓점들이 서로 인접해 있으니 필요한 색, 그러니까 착색수 또한 꼭짓점의 개수가 된단다.

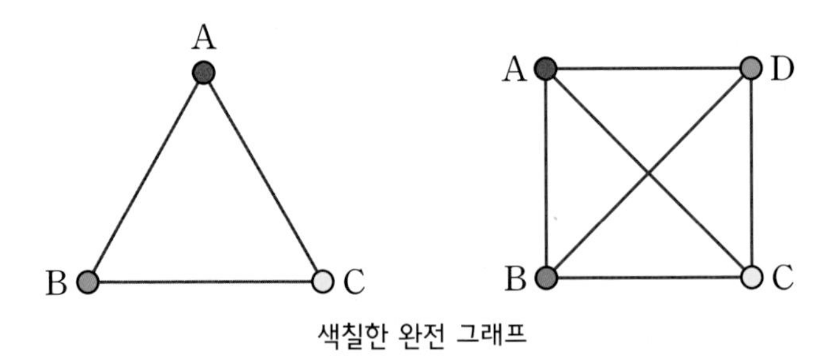

색칠한 완전 그래프

그렇다면 얘들아, 꼭짓점이 다섯 개인 완전 그래프 K_5의 착색수는 얼마일까?

“K_5는 평면 그래프가 아니잖아요?”

그렇지. 하지만 착색수는 모든 그래프, 그러니까 평면 그래프가 아닌 그래프도 가지고 있는 고유한 값이란다.

“그렇군요, K_5는 착색수가 5이겠네요.”

그렇단다.

“그럼 처음에도 말씀하셨는데 착색수가 얼마인지 알 수 있는 방법이 있나요? 그러니까 색칠하지 않고 알 수 있는 방법이요.”

미안하구나. 사실 색칠하는 것 외에는 달리 방법이 없단다. 물론 완전 그래프의 경우에는 색칠하지 않더라도 알 수 있지만 대부분의 그래프에는 공식 자체가 없단다.

“그럼 무조건 그려 봐야 하는 건가요?”

"왠지 단순 노동이 될 것 같은데요?"

우리가 그려 보았던 대한민국 그래프의 꼭짓점은 10개였지? 색칠하는 데 많은 시간이 걸리진 않았을 거다.

"그럼 색칠하는 게 시간이 많이 걸리지 않을까요?"

불행히도 그렇지는 않단다. 꼭짓점, 변이 많아질수록 착색수를 구하는 방법은 점점 시간이 걸리는 단순 노동이 되고 만단다. 더욱이 평면 그래프가 아니면 착색수가 10이 넘는 경우도 있기 때문에 평면 그래프처럼 4는 넘지 않을 것이란 예상도 하지 못하지. 아래의 그래프는 착색수가 얼마일까?

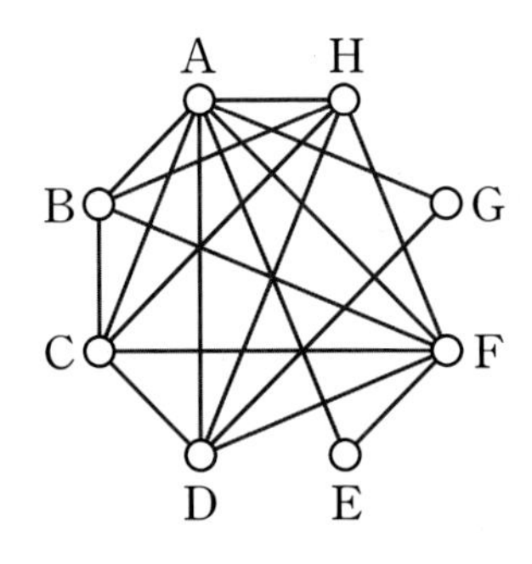

“선생님, 우릴 놀리시는 거죠?”

“너무 복잡해. 완전 그래프도 아니고 말이야.”

얘들아, 겨우 꼭짓점이 8개밖에 안 돼. 8개만 색칠하면 되겠는걸?

“어, 일단 A, C, F가 다른 색이어야 하니까 빨간색, 파란색, 노란색으로 칠하고……, H도 A, C, F랑 달라야 되네요. H는 초록색으로 칠해야 하겠어요……. 이런, B도 무조건 달라야 돼.”

A	C	F	H	B	D	G	E
빨간색	파란색	노란색	초록색	검정색	검정색	파란색	파란색

"다 하니까 모두 5색이 필요하네요."

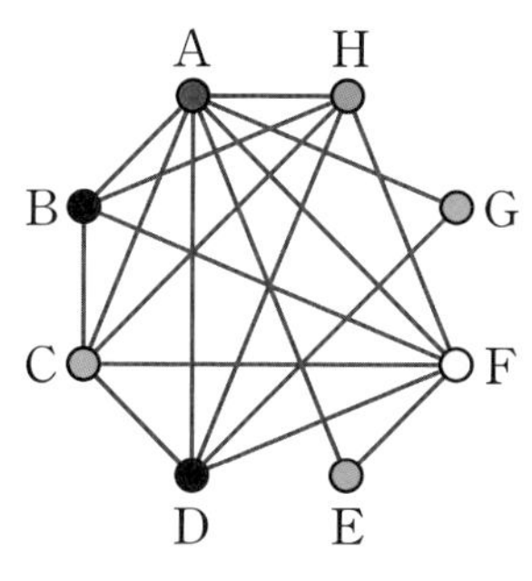

주미와 민수가 색칠한 그래프

잘했구나. 이 그래프의 착색수는 5이구나. 칠할 색을 찾는 과정이 어떠니?

"우선 가장 많이 서로 연결되어 있는 걸 찾는데요, 이 과정이 시간이 많이 걸려요. A, B, C, F, H를 찾으니까 그 다음은 좀 쉬웠는데 역시 변이 얽히고설키니까 헷갈려요. 쉬운 방법 없나요. 선생님?"

그렇지? 인간이 할 수 있는 방법은 너희들이 한 게 거의 최선이라 본다. 8개의 꼭짓점을 색칠하는 데 1분 정도 걸리더구나. 빠른 거지만 변과 꼭짓점이 많아진다면 인간의 능력을 시험하는 지경이 될지도 모르겠구나. 어렵다는 게 아니라 귀찮고 단순한 과정이라서 말이다.

"그럼 일반적으로 사람들은 착색수를 어떻게 찾죠?"

그래서 수학자들은 착색수를 찾을 때 컴퓨터의 힘을 빌린단다. 단순 노동에 가까운 작업들은 컴퓨터가 하면 빠르지. 수학자들은 착색수를 계산하는 프로그램들을 만들었지. 그 중에서 Welch-Powell의 알고리즘이라는 것을 소개하마.

Welch-Powell의 알고리즘

(1) 그래프의 꼭짓점의 차수가 큰 것부터 작은 순으로 배열한다. 이 배열은 차수가 같은 꼭짓점이 여러 개 있을 수 있으므로 몇 가지 다른 순서가 존재할 수 있다.

(2) 배열의 첫 번째 꼭짓점은 첫 번째 색으로 착색하고 계속해서 배열의 순서대로 이미 착색된 꼭짓점과 인접하지 않은 꼭짓점을 모두 같은 색으로 착색한다.

(3) 배열에서 먼저 나타나고 착색되지 않은 꼭짓점을 두 번

째 색으로 착색하고 계속해서 배열의 순서대로 지금 착색하고 있는 색으로 이미 착색된 꼭짓점과 인접하지 않은 꼭짓점을 모두 착색한다.

(4) 계속해서 위의 과정을 그래프의 모든 꼭짓점이 착색될 때까지 반복한다.

"글로만 되어 있으니 어떻게 하라는 건지 모르겠어요."

그럼 앞의 예를 가지고 해 보도록 하자.

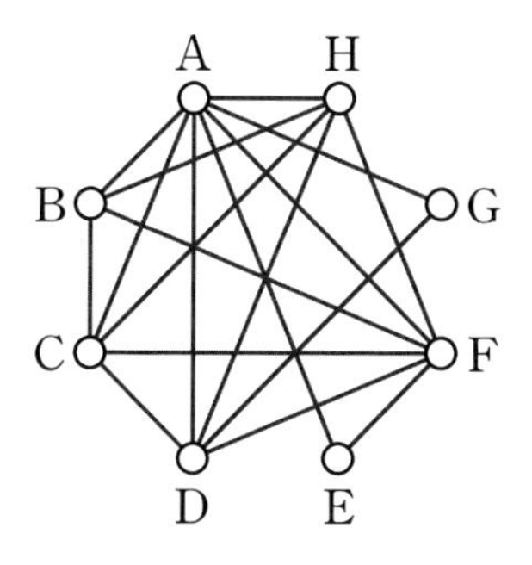

각 꼭짓점의 차수를 적어 보면 다음과 같다.

A	B	C	D	E	F	G	H
7	4	5	5	2	6	2	5

따라서 차수가 큰 것부터 작은 순으로 배열하면 A—F—C—D—H—B—E—G가 되지. 같은 것은 알파벳순으로 나열했단다. 여기까지가 (1)의 과정을 한 거란다. (2)부터 색칠하는 방법을 준 건데 A에 먼저 빨간색을 칠하고, 그 다음에 배열순으로 내려가면서 A와 연결되지 않은 꼭짓점을 찾는 거지. 그런데 이 그래프에서 A와 연결되지 않은 꼭짓점은 없구나. 그러면 다음 꼭짓점 F를 기준으로 앞의 과정을 다시 하는 거야.

F에 파란색을 칠하고 F와 G가 연결이 안 되었으니 G에도 파란색을 칠해. 그다음 G와 연결되지 않은 꼭짓점 중 앞서 파란색으로 색칠한 꼭짓점과 만나지 않는 점을 찾아 파란색으로 칠해. 그런데 F나 G와 연결되지 않은 꼭짓점은 없구나. 다음에 C에 노란색을 칠하자. C와 연결 안 된 꼭짓점 중에서 아직 색칠이 안 된 꼭짓점은 E가 있구나. E가 C와 연결이 안 되었으니 노란색으로 칠해. 다음에 D에 초록색을 칠하고 B에도 초록색을 칠하면 마지막 남은 꼭짓점 H에는 검정을 칠하면 끝나는구나.

A	F	C	D	H	B	E	G
7	6	5	5	5	4	2	2
빨간색	파란색	노란색	초록색	검정색	초록색	노란색	파란색

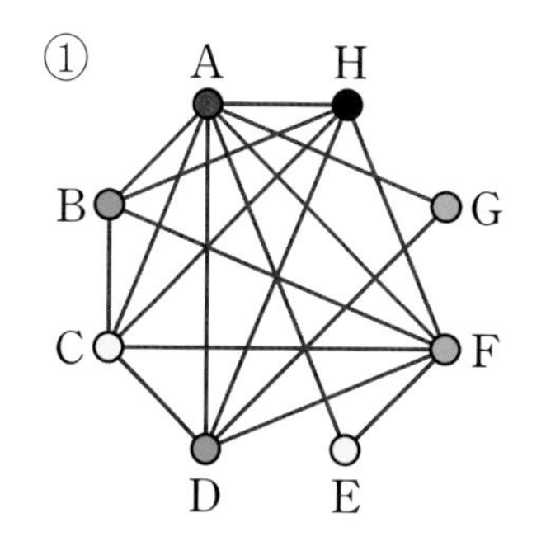

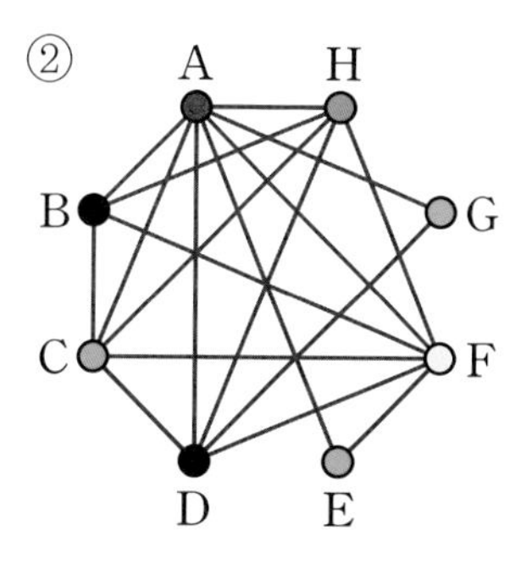

①은 컴퓨터가 색칠한 그래프, ②는 주미와 민수가 색칠한 그래프

"그렇군요. 그럼 컴퓨터가 작업하면 몇 초 만에 나오겠네요?"

그런데 그게 말처럼 쉬운 건 아니란다.

"네? 컴퓨터가 빠르잖아요. 큰 수들의 곱셈도 무지 빠르게 하는데요."

컴퓨터가 빠르게 못하는 경우가 있는데, 언제냐면 그건 해야 할 작업이 너무 많을 때지. 컴퓨터의 명령 실행 속도 또한 빠르지만 시간은 걸리거든. 실제 컴퓨터는 가능한 경우를 모두 따지게 되는데 꼭짓점이 많으면 많을수록 컴퓨터의 처리 속도는 점점 느려지는 병목현상이 생기게 된단다. 꼭짓점 개수가 40개만 되어도 이 그래프의 착색수를 찾으려면 거의 몇백 년을 기다려야 할 정도지.

선생님! 복잡한 그래프를 전부 색칠하려니 너무 힘들어요.
주미, 네가 직접 색칠하지 않아도 될 방법을 가르쳐 주지.
역시 선생님은 방법을 알고 계셨던 거군요.
컴퓨터에게 나 대신 색칠하라고 시킬 거야.
척!
띠리리. 네 제가 대신해서 금방 색칠해 드리겠습니다.
어이, 색칠 다했어?
아직 멀었어. 띠리릭.
아니, 컴퓨터가 꼭짓점 40개짜리 칠하는데 아직 다 못했단 말이야?
좋아, 앞으로 1시간 더 준다. 넉넉하지?
1시간?
하하하, 아마 너 눈감을 때까지 못 볼걸?
뭐, 뭐, 뭐라고? 그게 진짜야?

"그렇게나 많이요? 이해가 안 가요. 겨우 40개인데 컴퓨터가 느림보가 되다니요."

사람은 그래프를 보고 필승전략을 나름대로 구상하지. 때문에 운이 좋은 경우에는 값을 금방 구할 수도 있지. 하지만 컴퓨터는 그래프의 특성을 따지지 않지. 오로지 거북이처럼 제 갈 길만 가는 거야. 좀 빠른 거북이이기는 하지만 스스로 생각하지 못 한다는 치명적인 단점이 있단다. 그런데 이런 컴퓨터의 양면성과 관련하여 재미있는 문제가 있단다.

"그게 뭔데요?"

혹시 NP 문제라고 들어 봤니?

"NP 문제요? 처음 들어 봐요."

당연히 그럴게다. 곱셈이나 덧셈 같은 계산을 1회 시행할 때 컴퓨터도 시간이 필요하지. 물론 그 시간은 매우 짧은 순간이지만 분명 걸리는 시간이 있어. 그 시간을 0.0001초 즉 만 분의 1초라고 하자. 만 번을 시행해야 1초라는 시간이 걸리지. 그럼 2회 시행하면 만 분의 2초가 되지. 컴퓨터는 정말 빨리 계산하는 거야. 그렇지? 그런데 말이다. 4개의 꼭짓점을 갖는 그래프의 착색수를 구하는 데 필요한 계산 횟수는 2를 네 번 곱한 값보다도 크다고 해. 그러니까 적어도 16번 이상을 계산하지. 때문에 컴퓨터에게는 별로 시간이 안 걸리는 아주 쉬운 문제이지. 하지만 꼭짓점이 5개이면 2를 5번 곱한 값 32회, 6개이면 2를 6번 곱한 값 64회……. 그러니까 꼭짓점이 하나 많아지면 계산 속도는 이전 그래프보다 약 2배 많아지는 거란다. 이를 표로 적어 보면 이렇게 되지.

꼭짓점의 개수	3	4	5	6	7	…	10
계산 횟수	8	16	32	64	128	…	1024
소요 시간	–	–	–	–	–	–	0.1초

"꼭짓점이 10개여도 시간은 얼마 안 걸리는데요?"

그럼 꼭짓점이 20개이면 계산 횟수는 얼마가 될까?

"2를 20번 곱해? 어……. 계산이 힘드네요. 얼마죠?"

1,048,576. 그러니까 컴퓨터는 약 100초 만에 착색수를 구할 수 있게 되지. 그럼 21개이면?

"200만 번이네요. 그럼 컴퓨터는 약 200초네요. 아, 22개면 300초이겠네요."

아니지. 2를 곱해야지. 100을 더하는 게 아니란다. 22개면 약

400초가 걸려.

"아, 그렇군요. 23개면 약 800초……. 컴퓨터가 완료하는 시간이 조금씩 느려지네요."

조금씩 느려지는 게 아니라 점점 느려지는 게 확연히 보이지. 그런데 꼭짓점이 30개면 107,374초야. 시간으로 환산하면 약 30시간인데 꼬박 하루 컴퓨터를 돌려도 아직 계산이 끝나지 않은 거야. 하물며 40개, 아니 50개면?

꼭짓점의 개수	20	21	22	25	30	40	50
계산 횟수	100만	200만	400만	3300만	10억	1조	1000초
소요 시간	105초	210초	419초	56분	30시간	3년	3,570년

"……."

자그마치 3,570년이야. 컴퓨터의 가치를 상실하는 거지. 그러니까 세계지도의 착색수를 구하는 일반적인 경우는 몇 년이 걸릴지 상상이 안 되지?

"이럴 수가! 와우~. 그런데 세계지도는 4색이라는 걸 알고 있잖아요?"

그건 인간의 조작이 들어간 것이지. 컴퓨터는 그걸 몰라. 그러니까 평면 지도라 해서, 그리고 꼭짓점이 100개가 넘는다고 해서 무조건 착색수가 4라는 보장을 못 하지. 그럼 2인지, 3인지, 아니면 4인지 일일이 조사할 수밖에 없지. 이때 꼭짓점이 많아질수록 조사해야 할 건수가 기하급수적으로 늘어나. 문제가 어려워서 느려지는 게 아니라 계산해야 할 경우가 기하급수적으로 늘어나기 때문에 그런 거란다. 계속 일정한 수를 곱해 간다는 건 그 횟수가 많아질수록 인간이나 컴퓨터나 버거운 일이 되어 버리지. 이처럼 컴퓨터가 버벅거리는 문제를 간단히 NP 문제라고 한단다.

"선생님, 그럼 꼭짓점이 많은 그래프의 착색수는 구할 수 없는 거네요."

그래서 사람들은 최소한의 시간으로 해결할 수 있는 프로그램을 개발하고 있단다. 물론 그렇다고 해서 컴퓨터의 계산 시간을 확연히 줄일 수는 없단다. 단지 계산 속도를 잠시 늦출 뿐이지. 이 문제를 해결하는 방법이 있는지, 아니면 영원히 없는 건지는 아직 해결되지 않은 미해결 문제란다. 마치 옛날 4색 문제처럼 말이다.

하켄 선생님은 민수와 주미에게 NP 완전문제를 얘기하고 있습니다. 하켄 선생님 자신은 컴퓨터의 도움으로 4색 정리를 풀었지만, 컴퓨터로 해결할 수 없는 문제도 있다는 것을 알려 줄 필요가 있다고 생각했기 때문입니다. 그래서 혹시 민수나 주미가 나중에 미해결 문제를 풀 수 있는 이들 중의 한 사람이 되었으면 하는 바람에서 말입니다.

일곱번째 수업 정리

1. 그래프를 색칠할 때 k개의 색으로는 칠할 수 있지만 $(k-1)$개의 색만으로는 색칠할 수 없을 때, k를 이 그래프의 착색수, 혹은 채색수Chromatic Number라고 합니다. 착색수는 물론 자연수입니다. 착색수는 평면 그래프뿐 아니라 모든 그래프에 있습니다.

2. 4색 문제를 이렇게 바꿔 썼습니다.
"모든 평면 그래프의 착색수는 4 이하인가?"

3. 착색수를 계산하는 알고리즘 소개Welch-Powell의 알고리즘
아래의 과정을 단계적으로 밟아 나가며 모든 꼭짓점의 색을 지정해 줍니다.

- 꼭짓점의 차수가 큰 것부터 작은 순으로 배열한다.이 배열은 차수가 같은 꼭짓점이 여러 개 있을 수 있으므로 몇 가지 다른 순서가 존재할 수 있다.

- 배열의 첫 번째 꼭짓점은 첫 번째 색으로 착색하고 계속해서 배열의 순서대로 이미 착색된 꼭짓점과 인접하지 않은 꼭짓점을 모두 같은 색으로 착색한다.
- 배열에서 먼저 나타나는 착색되지 않은 꼭짓점을 두 번째 색으로 착색하고 계속해서 배열의 순서대로 지금 착색하고 있는 색으로 이미 착색된 꼭짓점과 인접하지 않은 꼭짓점을 모두 착색한다.
- 계속해서 위의 과정을 그래프의 모든 꼭짓점이 착색될 때까지 반복한다.

❹ 꼭짓점과 변의 개수가 많아질수록 컴퓨터도 착색수를 계산하는 데 애를 먹습니다.

4색 정리의 증명 그리고 컴퓨터

컴퓨터를 이용한 4색 정리의 증명 방법을 알아봅니다.

여덟 번째 학습 목표

1. 4색 정리를 증명하는 원리를 이해합니다.
2. 컴퓨터로 증명한다는 것의 의미를 이해합니다.

미리 알면 좋아요

간접증명법 어떤 명제가 성립함을 증명하고 싶을 때, 가정假定에서 차근차근 순서를 따라가며 추론하여 결론을 이끌어내는 증명기법을 직접증명법, 결론을 부정해서 모순을 유도함에 따라 주어진 명제가 참이라는 것을 증명하는 방법을 간접증명법이라고 합니다.

일곱 번째 수업 시간까지 우린 평면 지도와 평면 그래프를 설명하고 평면 그래프의 성질 그리고 착색수에 대해서 공부했는데, 이번 시간에는 4색 정리를 증명할 수 있게 된 원리와 기법에 대해서 얘기해 주마. 사실 4색 정리에는 인간의 두뇌뿐만 아니라 단순 반복되는 작업을 초스피드로 수행하는 컴퓨터의 역할 또한 무시할 수 없을 정도로 컸단다. 만약 컴퓨터가 없었더라면 아직도 4색 정리는 4색 문제로 남았을 거야. 4색 정리는 1976년 이전에는 '문

제' 였지만, 참이라고 증명되면서부터 '4색 정리' 가 되었습니다.

"4색 정리는 NP 문제가 아니었나 봐요?"

하하, 실은 NP에 가까웠지. 하지만 인간이 모든 경우에 4색만으로 가능한지를 조사할 필요가 없도록 많은 가지치기를 해 주었지. 그래도 걸린 시간은 어마어마했지. 거의 사흘 동안 여러 대의 컴퓨터가 쉬지 않고 계산했으니까 말이다.

하켄 선생님의 이야기는 1852년 4색 정리가 수학계의 큰 화두로 떠올랐던 때로 거슬러 올라갔습니다.

1852년 드 모르간이 제자가 질문했던 4색 문제를 풀지 못하면서 4색 정리의 역사는 시작되었지. 그런데 우리가 앞에서 보았던 다섯 왕자 이야기를 4색 정리의 시작으로 보는 사람들도 있어. 어쨌든 처음 등장은 아주 우연이었어.

드 모르간Augustus De Morgan 1806~1871은 최초로 4색 정리의 증명을 시도하였으나, 그 증명은 잘못된 것으로 드러나고 말았지. 하지만 그의 증명과 다섯 왕자 이야기에 의하면 평면 지도를 색칠하는 데 6색이면 충분하다는 '6색 정리' 가 증명되었지.

“4색 정리를 증명하는 데 왜 6색이나 쓴 걸 증명했죠?”

그건 말이다, 문제를 풀 때마다 그동안 알지 못했던 법칙이 발견되면서 점점 목표에 근접해 가는 걸 의미한단다. 6색이면 충분하다는 것을 증명했으니 조만간 4색도 가능할 것이라는 희망도 가질 수 있고 말이다.

수학자들은 쉽게 4색 정리가 안 풀리자 거꾸로 생각하기 시작했단다. 만약에 4색 정리가 거짓이라면, 즉 4색만으로는 원하는 조건, 인접한 나라는 다른 색으로 칠하라는 조건을 만족할 수 없는 지도가 있다면, 그중에서 가장 작은 나라로 만들 수 있는 지도도 있을 거라 생각했단다. 즉 5색 이상이 필요한 지도가 있다면 그 중에 가장 작은 나라들로 만들어진 지도도 있을 거라고 생각했던 것이지.

“사실 5색이 필요한 지도도 찾지 못했는데 그중에서 나라의 개수가 가장 작은 지도를 생각하는 건 말이 안 되는 거 아닌가요?”

그러니까 거꾸로 생각한 거지. 수학자들의 생각은 이랬단다. 4색 정리가 거짓이라면 5색 이상을 써야만 하는 지도가 있을 것이고, 그 지도의 개수 또한 1개 이상이겠지. 그런데 지도 속의 나라 개수는 유한개이니까 각 지도마다 나라의 개수를 셀 수 있을 테고 그러면 그 중에서 가장 작은 나라의 개수를 갖고 있는 지도를 고를 수 있겠지? 수학자들은 이 지도를 일컬어 '최소 범인 지도', 영어로 minimal criminal이라 명명했단다.

"하하, 지도를 범인이라고 한 건 좀 심했네요."

그렇지? 수학자들 자신은 범인을 잡는 형사로 생각한 거지.

최소 범인 지도

- 최소 범인 지도는 4색만으로 색칠할 수 없는 지도이다.
- 최소 범인 지도보다 나라의 개수가 적은 모든 평면 지도는 4색만으로 충분히 색칠이 가능한 지도이다.

"있는지 없는지도 모르는 지도 속 나라 개수를 가지고 문제를 풀다니 수학자들은 참 별난 상상을 다 했네요."

수학자들은 가끔은 문맥이 안 맞는 말을 하는 경우가 있단다. 하지만 수학자들에게 중요한 것은 어떤 문장의 문맥이 매끄러운지, 아니면 이해가 힘든지가 아니라 그 문장이 참이냐 거짓이냐의 판별이란다. 어쨌든 증명의 큰 줄기는 이 최소 범인이 애초에 존재하지 않는다는 것을 증명함으로써 애초의 가정, 즉 5색 이상이 필요한 지도가 없다는 걸 밝히고 싶었던 거지. 이때 4색 정리를 증명하는 핵심 열쇠가 된 굉장히 중요한 발견이 이뤄졌지. 이름하여 '다섯 이웃 정리Only five neighbors theorem'라고 한단다.

"다섯 이웃 정리요? 이웃이 다섯 명밖에 없다는 건가요?"

더 정확히 말하면 이웃이 다섯 이하라는 거란다. 평면에 지도를 그렸을 때, 어떤 지도든지 항상 성립할 수밖에 없는 법칙이지.

다섯 이웃 정리 Only five neighbors theorem

모든 평면 지도에는 인접한 나라가 다섯 개 이하인 나라가 반드시 한 개 이상 존재한다. 마찬가지로 모든 평면 그래프에는 뻗어 나가는 변의 개수가 5개 이하인 꼭짓점이 반드시 한 개 이상 존재한다.

어떤 집단에 공통으로 적용할 수 있는 법칙을 찾는다는 것은 매우 중요하단다. 특히 4색 정리처럼 모든 평면 지도를 다루는 경우에는 더욱 그러하단다. 때문에 다섯 이웃 정리는 오일러의 공식과 함께 4색 정리 해결의 큰 열쇠가 되었지. 간단하게 설명하면 지도 속에 나라가 아무리 많더라도, 그래서 지도 속의 어떤 나라는 국경을 인접한 나라가 100개가 넘더라도 그중에 적어도 한 나라는 인접한 나라의 수가 기껏해야 5개를 넘지 않는다는 정리란다. 우리가 지금까지 연습했던 그래프지도들은 나라의 수가 몇 개 안 되지만 지도가 많은 경우에도 이 사실은 여전히 참이란다. 아래에 꼭짓점이 7인 완전 그래프를 그려보았는데, 이 그래프가 평면 그래프가 아니라는 걸 알 수 있겠지?

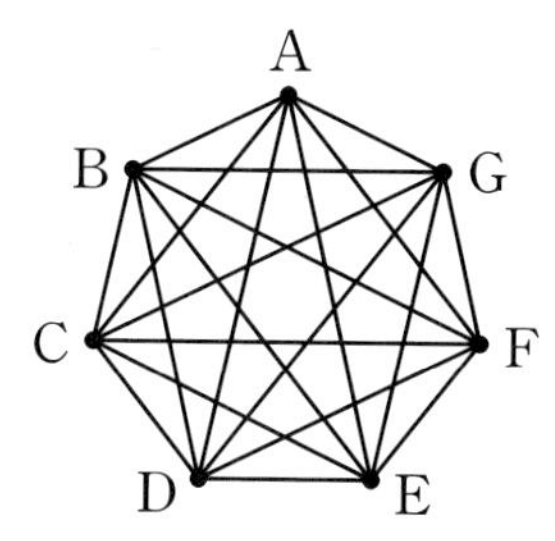

완전 그래프 K_7 : 이 정리에 의하면 평면 그래프가 아니다.

그러면 인접한 나라가 다섯 개 이하인 나라들은 어떻게 생겼을지 알아보자.

먼저 한 개의 나라와 인접한 나라는 다리가 연결된 섬처럼 생겼겠지? 두 개 이상의 나라들과 인접한 나라는 아래처럼 크게 네 가지 경우가 있단다. 각 나라를 지도와 그래프로 표현하면 다음과 같은데, 각각 이름을 붙여 놓았다. 다섯 이웃 정리의 핵심은 모든 지도에는 아래의 네 가지 경우를 갖는 지도가 반드시 있다는 거란다. 증명은 역시 오일러의 공식 $v-e+f=2$를 사용하지만 여기서는 생략하기로 하자꾸나.

1개와 경계 인접	2개와 경계 인접	3개와 경계 인접	4개와 경계 인접	5개와 경계 인접
1각 나라	2각 나라	3각 나라	4각 나라	5각 나라
		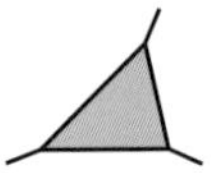	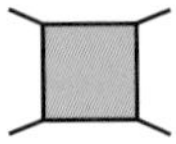	

"그래요? 이런 게 성립하다니 몰랐어요."

다섯 이웃 정리와 최소 범인 지도를 결합하여 새로운 증명이 등장했지. 영국의 수학자 케일리Arthur Cayley 1821~1895는 이 문제를 풀 수 없어 런던 수학 협회에 4색 정리의 해결을 요청하였는데, 런던 수학 협회 회원인 변호사 켐페Alfred Bray Kempe 1849~1922가 4색 정리를 증명했지. 켐페가 사용했던 증명은 당시엔 매우 획기적인 방법이었고, 틀린 부분이 없는 것으로 간주되었기 때문에 4색 정리가 해결된 것으로 여겼지만 11년 후에 이 증명이 틀린 것으로 판명되고 말았단다. 매우 애석한 일이지. 하지만 켐페가 시도했던 증명을 살펴보는 것도 나름대로의 의의가 있단다.

"아깝네요. 그때 해결 되었으면 좋았을 걸."

"그럼 선생님은 4색 정리를 해결할 수 없잖아요? 이미 풀린 거니까요."

그렇지. 하지만 난 다른 걸 증명하면 되지 않겠니? 4색 정리로 인해 수학은 한층 더 발전할 것이고, 여전히 그 나름의 풀어야 할 수학 문제도 존재하니까 말이다.

켐페가 먼저 생각한 것은 최소 범인 지도도 평면 지도이니까 여전히 위의 '다섯 이웃 정리'가 성립할 것이라 여겼지. 때문에 최소 범인 지도에도 위의 다섯 가지 형태 중 반드시 하나가 있어야 한다는 것을 이용했단다.

만일 최소 범인 지도에 '1각 나라'가 있다고 생각해 보자. 그리고 빨간색, 파란색, 노란색, 초록색, 검정색 모두 다섯 가지 색으로 칠해졌다고 하자. 그렇다면 지도그래프의 어딘가에 •— 과 같은 모양이 있어야 하겠지? 작은 점으로 표시된 꼭짓점, 그러니까 1각 나라와 인접한 나라에 칠해진 색이 빨간색이면 1각 나라에는 빨간색이 아닌 색으로 색칠되어 있을 거야. 그 색을 파란색이라고 해 보자. 그러면 1각 나라에 파란색 대신에 노란색, 초록색, 검정 중 하나를 칠해도 여전히 최소 범인 지도가 되겠지. 그런데 여기서 이 1각 나라를 제거하는 거야. 그러면 나라의 개수는 하나가 줄었지만 여전히 5개의 색으로 색칠된 지도가 되지.

자, 이 논리에 의하면 최소 범인 지도보다 나라의 개수가 1개 적은 또 다른 5색 이상의 색으로만 칠해지는 지도가 생긴단다. 그러면 애초에 있던 지도는 최소 범인 지도가 아닌 게 되고 말지. 하지만 논리는 정확하니까 애초에 1각 나라를 갖는 최소 범인 지도가 있다는 가정 자체에 문제가 발생하게 돼. 때문에 최소 범인 지도가 1각 나라를 가지면 안 된다는 결론을 얻게 되는 것이란다.

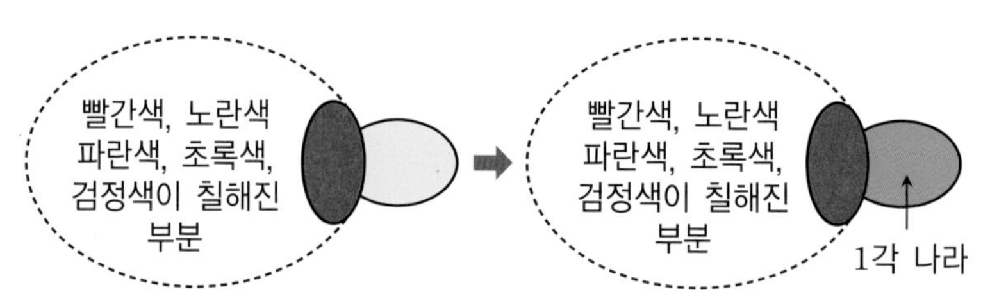

1각 나라를 포함한 최소 범인 지도　1각 나라를 다시 다른 곳의 색으로 다시 색칠함

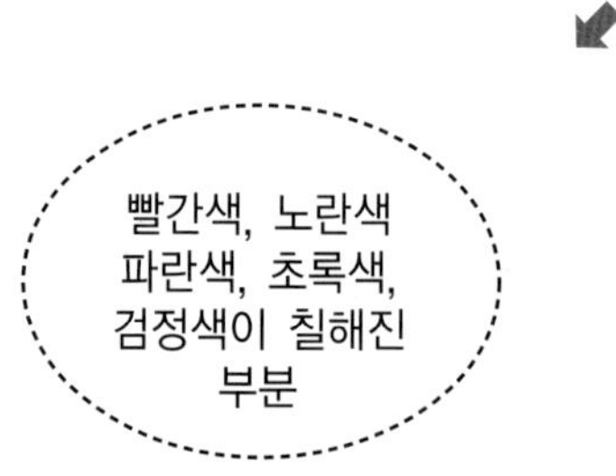

1각 나라를 제거 : 역시 5색으로 색칠된 지도(최소 범인 지도보다 나라 수가 적다!)

"증명이 참 신기하네요. 그런데 최소 범인 지도가 있다고 가정해 놓고 왜 마지막에 최소 범인 지도가 없다고 하는 거죠?"

그건 최소 범인 지도가 있다면 논리에 맞지 않는 결론이 나와 버리기 때문이지. 논리가 정확하다면 이 불합리한 논증이 애초에 발생해서는 안 되니까 최초의 시발점인 최소 범인 지도의 존재성을 부정할 수밖에 없단다. 이러한 증명방법을 '간접 증명법', 혹은 '귀류법'이라고 한단다. 역시 《러셀이 들려주는 명제와 논리 이야기》를 읽어 보면 도움이 될 게다.

어쨌든 1각 나라는 최소 범인 지도에 있어서는 안 된다는 것이 밝혀졌어. 다음엔 2각 나라인데, 역시 2각 나라를 포함하고 있는 최소 범인 지도가 있다고 가정해 보자.

마찬가지 방법인데 여기서는 약간 더 기술적으로 최소 범인 지도를 부정하고 있지.

만약에 2각 나라가 빨간색이고 2각 나라를 둘러싸고 있는 두 개의 나라가 파란색, 노란색으로 색칠되어 있다고 하자. 여기서 2각 나라와 파란색 나라와 인접하고 있는 경계선을 없애서 한 나라로 합쳐 보자. 그러면 나라의 수가 1개 더 적은 지도로 바뀌게 되지. 그러면 가정에 의해 이 지도는 4색으로 색칠할 수 있게 돼.

왜냐 하면 최소 범인 지도보다 나라 개수가 적으니까 4색으로 색칠할 수 있는 거지. 최소 범인 지도가 뭔지 정의를 다시 한 번 보도록 해. 그 색깔을 빨간색, 파란색, 노란색, 초록색이라고 하자. 그다음 다시 경계선을 복원하고 이 세 나라에 색칠을 하는 거야. 2색 나라를 둘러싸고 있던 두 나라는 원래의 파란색, 노란색을 칠하고 2각 나라에는 빨간색이나 초록색을 칠하는 거지.

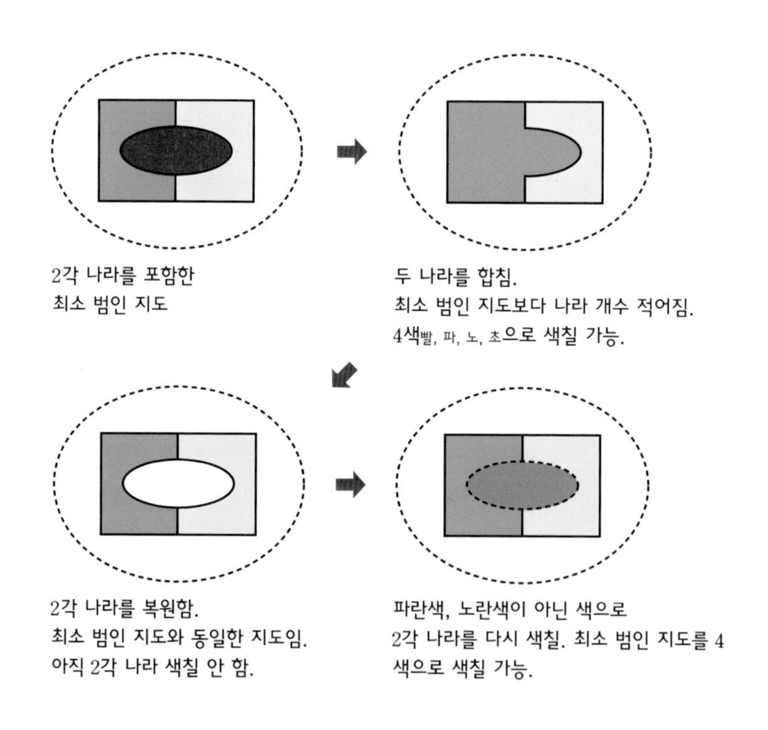

이렇게 칠하면 아까 최소 범인 지도라고 했던 녀석을 4색만으

로 색칠할 수 있게 되는 거지. 그러니까 애초에 이러한 최소 범인 지도는 있을 수 없다는 결론을 얻게 된단다.

그런데 이 과정은 아래 그림처럼 3각 나라에도 그대로 적용이 가능해.

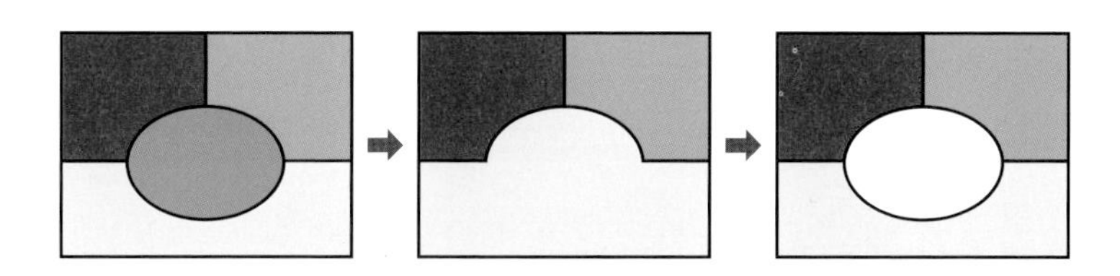

마지막 단계에서 3각 나라에 색칠한 초록색을 두 번째 단계에서 네 가지 색 중 빨간색, 파란색, 노란색이 아닌 색으로 칠하면 돼. 하지만 4각 나라와 5각 나라의 경우에는 이렇게 경계선을 없애고 다시 색칠할 수 없는 경우가 생기지. 아래처럼 말이다.

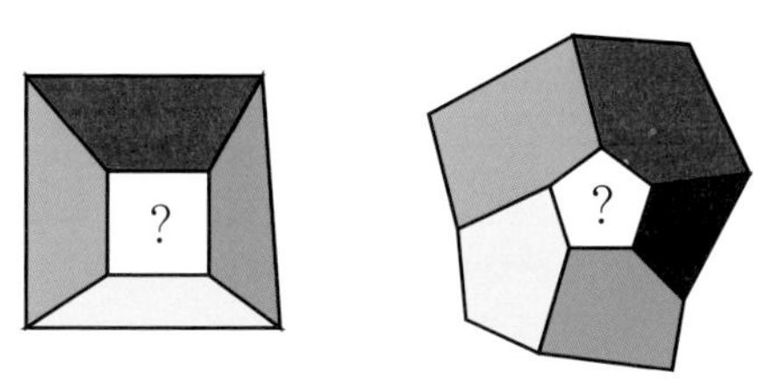

3각 나라처럼 증명할 수 없는 경우의 그림

때문에 켐페는 4각, 5각 나라를 둘러싸고 있는 나라들의 색을 재조정함으로써 역시 최소 범인 지도가 존재하지 않음을 증명하였다.

"도대체, 어떻게 한 거죠?"

그가 사용한 기법을 '켐페의 사슬'이라고 한단다. 여기서 이 기법을 설명하는 것은 너무 어려운 내용이라 밝힐 순 없지만 그의 방법이 당시에는 너무나 새로웠고, 증명 과정에서의 오류도 없어 보였기 때문에 모두들 4색 정리의 증명이 완성되었다고 믿었지.

"그런데 아니었나요?"

불행히도. 11년이 지나서일까? 히우드Percy J. Heawood 1861~1955란 수학자가 켐페의 방법으로 하였을 때 색칠 불가능한 배열의 지도를 발견하고 만 거지.

켐페의 4각 나라의 증명은 문제가 없었단다. 문제가 된 곳은 이웃 나라가 다섯인 5각 나라의 증명에서였지. 히우드는 켐페의 사슬을 이용하여 증명할 수 없는 지도를 발견했단다. 물론 그 지도는 4색으로 색칠이 가능했지만 켐페의 증명으로는 해결할 수 없었지.

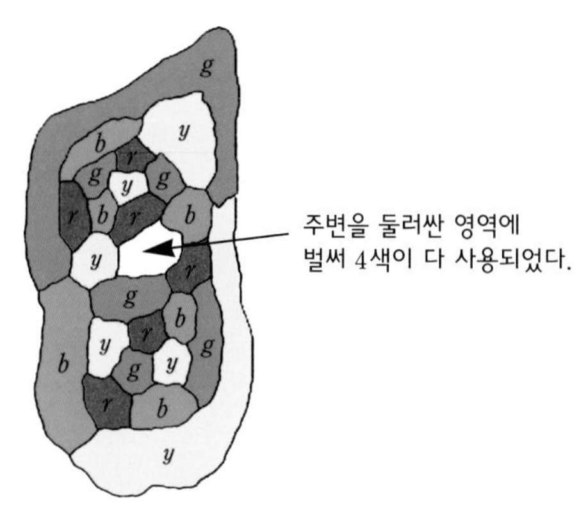

히우드는 켐페의 증명에서 오류를 발견했다.

"안타깝네요. 그런데 실제로 색칠해 보면 4색으로 충분하지만 그것을 증명하지 못했다니 매우 이상하고 또 흥미롭네요."

증명은 모든 나라에 적용 가능해야 한단다. 평면 지도를 증명이라는 그물에 모두 가둘 수 있어야 하지. 그런데 그물에 구멍이 생기고 만 거야. 아주 작은 구멍이었지만 그 구멍을 통해서 몇몇 지도들이 빠져 나가고 말았어. 매우 애석했지.

하지만 이 과정에서 많은 걸 건질 수는 있었단다. 첫 번째로 켐페에 의해 6색 정리가 증명됐고, 히우드에 의해서 5색 정리가 증명됐어. 그러니까 증명할 수 있는 최소색이 점점 줄어든 거지. 이제 하나만 더 줄이면 되었던 거야. 그리고 최소 범인 지도는 오로지 5각 나라가 13개 이상 있어야 한다는 것까지 증명되었단다.

우리는 이 모든 걸 알아보기는 힘들지만, 켐페가 증명한 '6색 정리'를 증명해 보기로 하자.

"5색 정리는 많이 어렵나요?"

많이 어렵지. 50년 동안 축적된 결과물이니 그 내용은 매우 전문적이고 수준도 많이 높아졌단다. 그럼 6색 정리를 증명할 텐데 이건 5색 나라를 6색으로 칠할 수 있다는 것을 보이는 걸로 충분하단다. 방법은 2각, 3각 나라에서 켐페가 사용한 방법을 그대로 5각 나라에 적용하는 거야. 이 그림을 보고 유추해 보렴.

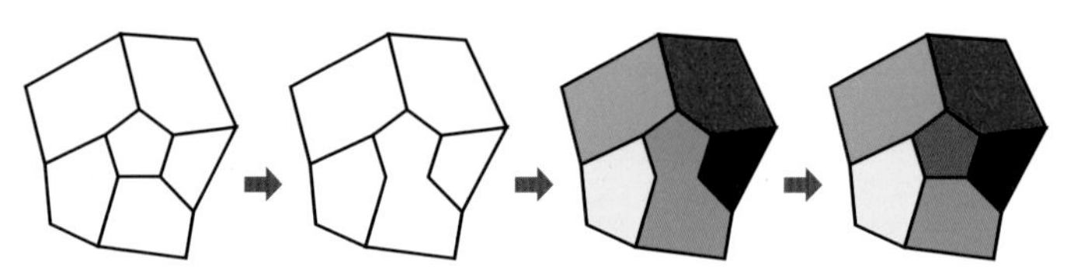

5각 나라는 반드시 6색으로 색칠 가능하다.

하켄 선생님은 그림을 보여 주면서 2각, 3각에서 했던 앞서의 증명과 동일한 방법을 적용하라고 했습니다.

이후 4색 정리의 증명에 매달린 많은 수학자들은 켐페의 사슬에서 생긴 오류를 고치기 위해 부단히 노력했단다. 켐페의 증명은 버리기엔 너무나 우아하고 활용이 무궁무진했거든. 어쨌든 5각 나라에서도 5각 나라의 국경선 한 쪽을 제거하여 나라의 개수를 줄일 수 있는나라의 개수를 축소시킬 수 있는 방법이 있을 거라 믿으면서 증명 찾기를 계속했단다.

그런데, 증명의 과정은 고난의 연속이었지. 목표는 정해졌지만, 목표를 향해 진군하는 방법은 논리적 구조가 아니라 귀납적인 실험으로 얼룩졌단다.

증명 과정에서 새로운 용어가 두 개 등장하는데, 하나는 '축소 가능한 배열reducible configuration' 이고, 다른 하나는 '축소 가능하면서 불가피한 배열의 집합unavoidable set of reducible configurations' 이었다.

'축소 가능한 배열reducible configuration' 이란 켐페의 증명에서 도출된 용어인데 말 그대로 2각, 3각 나라처럼 나라의 개수를 축소시켜 최소 범인 지도가 될 수 없게 하는 배열을 말한단다. 2각, 3각 나라는 축소 가능한 배열이지. 그러니까 이 배열이 지도의 어딘가에 있다면 그 지도는 절대 최소 범인 지도가 되지 못하는 거지.

그리고 '불가피한 배열의 집합unavoidable set' 이란 모든 지도에서 등장할 수밖에 없는 배열들을 원소로 갖는 집합을 말해. 무슨 말인고 하니, 평면 지도를 그릴 때마다 이 집합의 원소인 배열을 적어도 한 번은 사용한다는 거지. 예를 들어 일곱 번째 수업에서 착색수를 찾았던 지도의 경우 E는 3각 나라를 뜻하지. 이처럼 3각 나라는 불가피한 배열이라 할 수 있지. 물론 모든 지도에서 나타나야 함을 의미하는 게 아니라, 어떤 지도에서 등장할 수 있는 배열이면 된단다.

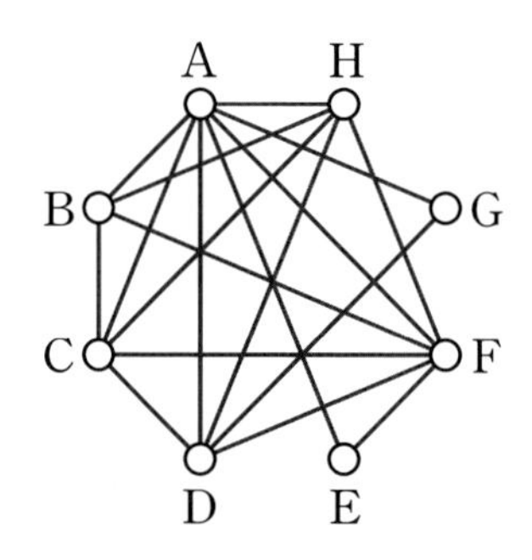

이 '불가피한 배열의 집합'을 찾을 수 있다면, 그리고 이 집합의 모든 원소가 축소 가능한 배열이라면 비로소 4색 정리가 증명될 수 있다고 한 거지. 때문에 모든 증명의 방법은 이 불가피한 배열의 집합의 원소들을 찾는 것이었고, 그것들 모두가 축소 가능한 배열이라는 것을 조사하는 것이었단다. 결국 불가피한 배열

의 집합에 속하는 모든 원소가 축소 가능한 배열임을 보이는 것이 증명의 목표가 된 거지.

이때부터 수학자들은 이 집합의 원소를 모으기 시작했고 하나 둘 목록이 쌓여 갔지. 그 결과 1950년경에는 나라의 수가 35개 이하인 모든 평면 지도는 4색만으로 색칠할 수 있다는 것을 증명했어.

"이제 증명의 길이 열렸군요."

"그런데 내용이 알쏭달쏭한 것도 있지만 원소 찾는 것도 보통 힘든 게 아닌걸요?"

그렇지. 바로 문제가 발생했어. 불가피한 배열의 집합을 찾는 것은 너무나 먼 신기루 같았지. 원소는 계속 쌓여 갔지만 누구도 자신이 만든 게 마지막 원소라고 말을 하지 못했어. 이제부터 지루한 계산의 시간이 도래한 거지.

어느덧 축소 가능한 배열 여부를 조사하는 것은 인간의 힘으로 할 수 없을 만큼 거대해졌어. 나라의 수도 몇 십 개로 늘어난 데다 그들이 축소 가능한지를 증명하는 것은 인간의 계산 능력을 시험하는 괴물이었지. 이 작업은 이제 인간의 손으로 해결할 수 없었지만, 대신에 인간은 든든한 조수를 한 명 얻었지. 바로 컴퓨터야.

"네? 착색수 구하는 것처럼 컴퓨터가 할 수 없는 일도 있다고 했잖아요?"

그렇긴 하지. 하지만 그건 컴퓨터가 할 수 없는 일이 아니라 시간이 무한히 늘어나기 때문이라고 보는 게 더 정확하겠다. 1940년대 중반 최초의 컴퓨터 에니악ENIAC이 개발되기 이전부터 수학자들은 다양한 계산을 수행할 수 있도록 프로그래밍 할 수 있는 컴퓨터를 만드는 것이 이론적으로 가능함을 증명했단다. 실제 컴퓨터의 등장은 스티븐 클레네, 앨런 튜링 등 컴퓨터의 개발에 선구적인 이론적 토대를 마련해 준 수학자들의 도움이 컸단다.

컴퓨터를 낳은 이론을 개발하고, 최초의 컴퓨터를 제작하고, 또 프로그래밍하는 데 도움을 주었던 수학자들은 대부분 그들의 정신적 산출물에 대한 관심을 잃어 버렸지.

"그러니까 컴퓨터를 만드는 데 주도적으로 참여했지만, 실제로 그걸 수학자들이 사용하지 않았다는 거지요? 왜죠?"

그건 어쩌면 당연한 일이었는지도 모른다. 컴퓨터의 개발에는 부분적으로 수학적 능력이 필요하고, 또 수학적 개념들도 많이 사용되지만, 대부분의 컴퓨터가 하는 작업은 수학 그 자체는 아니었기 때문이지. 게다가 당시 대부분의 수학자들은 엄청난 양의 계산이 필요한 문제들은 다루지 않았어. 수학적 증명에서 계산이 필요한 경우는 거의 없었단다. 그리고 조사할 모든 대상을 모조리 계산으로 검증하기보다는 철저한 논리와 논증, 그리고 수학적 규칙을 통해서 엄밀하게 증명하는 걸 더 좋아했거든. 하지만 수학 문제를 풀 때 컴퓨터를 이용하는 방법을 찾는 데 관심을 둔 수학자들도 생겨났지.

"하기야 저도 가끔 곱셈이 힘들어서 계산기나 컴퓨터를 사용하는데 훨씬 빨리 답이 나와서 좋아요."

하하, 컴퓨터는 계산 속도와 정확성에는 타의 추종을 불허할 만큼 뛰어난 능력을 보여 주지. 민수가 말한 것처럼 우리가 하기 힘든, 그러니까 시간이 많이 걸리고 실수의 가능성도 높은 단순 계산은 인간이 컴퓨터를 따라갈 수 없지. 하지만 컴퓨터의 가장 큰 문제는 스스로 생각하고 계산할 줄 모른다는 거란다. 그러니까 전 수업시간에 착색수를 찾을 때 사용했던 전술들을 컴퓨터 스스로 생각하지 못하기 때문에 일일이 인간이 명령을 내려야만 하지. 또한 임기응변은 컴퓨터와 먼 단어이지. 오로지 프로그래밍 된 방법만을 좇아서 계산을 수행할 뿐이지. 하지만 컴퓨터의 발전으로 인해 수학에서도 더 이상 컴퓨터를 등한시할 수 없게 되었지. 아무래도 그들의 빠른 계산 수행 능력이 필요한 경우가 생기기 시작했거든. 바로 4색 정리의 해결에서도 컴퓨터의 역할을 빼 놓을 수 없지.

1967년 상황은 매우 힘들고 전망도 밝지 않았단다. 당시 수학자들은 불가피한 배열의 집합을 완성하고자 새로운 지도의 배열을 만들고 있었지만, 여전히 그 집합은 현재진행형이었어. 계속해서 새로운 원소가 발견되었기 때문이야. 히쉬Heesch란 수학자가 만들고 있던 불가피한 배열의 집합에는 만 개가 넘는 축소 가능한 배열이 이미 들어 있었고, 계속해서 새로운 불가피한 배열을 만들고, 그것이 축소 가능한지 여부를 조사하고 있었지. 아까도 말했지만 새롭게 발견된 배열 속의 나라 개수는 이제 인간의 계산 능력 이상으로 커져 버렸어. 그 배열이 축소 가능한지 알아내는 것조차 힘이 들 정도였단다. 하루에 하나 조사하면 날이 새는 지경에 이르렀지. 어떤 건 100시간이 넘을 때도 있었단다.

이때부터 수학자들은 축소 가능성 조사를 든든한 조수, 즉 컴퓨터에게 맡기기 시작했어. 컴퓨터는 말없이 자신의 임무를 잘 수행했단다. 이제 남은 과제는 인간이 빨리 불가피한 배열의 집합을 완성하는 것이었어. 그리고 컴퓨터가 최대한 계산 결과를 빨리 낼 수 있도록 나라의 개수를 최소화하는 것이었어. 당시의 컴퓨터로 계산할 수 있는 나라 개수의 한계는 18개였단다. 물론 지금은 그보다 많은 나라를 가진 배열들의 축소가능성 조사도 빨리 해결하지만 당시의 컴퓨터 기술은 그렇게 좋지 못했어. 때문에 우리들은 더 빠르고 더 큰 메모리 용량을 가진 컴퓨터가 개발될 때까지 불가피한 배열의 집합을 최소한의 나라15개에서 16개 정도를 이용한 축소 가능한 배열들로 채우는 것이었단다.

"우리요? 또 누구 말인가요?"

내가 4색 정리에 씨름하고 있을 때, 아주 든든한 동료가 있었지. 그의 이름은 케네스 아펠Kenneth Appel이란다. 4색 정리를 해결한 사람으로 나와 함께 나의 동료 케네스 아펠의 이름도 항상 같이 올라가 있지.

사실 난 컴퓨터 프로그래밍을 그렇게 잘하지 못했단다. 지식도 많이 부족했고, 때문에 컴퓨터 전문가와 함께 일을 같이 했었는데, 그때 그 전문가가 내가 하고 있는 일은 절대로 프로그래밍 될 수 없고, 컴퓨터의 성능 또한 방대한 계산을 수행할 만큼 좋지 못하다고 했지. 그의 말은 옳았어. 때문에 4색 정리를 함께 고민할 수 있고, 컴퓨터 프로그래밍에도 일가견이 있는 수학자와 함께 하기를 항상 고대했단다. 그때 나에게 한 줄기 서광이 비췄으니, 바로 아펠이었어.

아펠은 매우 뛰어난 컴퓨터 프로그래머였지. 그의 컴퓨터 실력은 4색 정리의 해결에 결정적인 역할을 했단다. 그는 나의 작업에 기꺼이 같이 하기로 했단다. 나는 축소 가능성 여부를 체크하는 것을 잠시 접어 두고 우선 불가피한 배열의 집합을 완성하는데 총력을 기울였지. 그리고 1976년 3월, 드디어 불가피한 배열의 집합을 완성했지. 당시의 집합에 포함된 불가피한 배열은 약 2000개였어. 이제 우리에게 남은 것은 두 가지. 하나는 2000개의 배열로 이뤄진 집합이 진정으로 불가피한 배열의 집합인지를 확인하는 것, 그리고 다른 하나는 이들이 축소 가능한지를 확인하는 것이었단다.

전자는 정말 지루하고 힘든 과정이었지. 3개월 동안 내 딸과 함께 우리가 만든 집합이 불가피한 배열의 집합임을 증명했어. 후자는 컴퓨터의 몫이었지. 당시에 우리를 지원해 주는 팀은 참 많았지. 그 중에서도 일리노이 대학의 컴퓨터 센터는 우리가 며

칠간 쉴 새 없이 대학의 컴퓨터 용량을 다 끌어다 쓰겠다고 해도 기꺼이 승낙해 주었어. 게다가, 우리를 위해 아주 고성능의 컴퓨터도 구입해 주었지. 그 컴퓨터의 파워풀한 능력이란!

다음 장으로 ☞

마침내 6월의 끝자락에 우리는 우리 작업의 끝을 보았단다. 모든 작업이 끝났어. 컴퓨터도 작업을 끝냈고……. 우리는 두 가지 남은 일을 모두! 성공적으로! 완료했다는 것을 알았어. Four Colors Suffice!

"…… 선생님, 너무 멋있어요. 사실 증명을 어떻게 하셨는지는 모르겠지만요."

"여전히 그때의 기억이 나시나 봐요?"

내가 너무 내 얘기에 심취했구나. 사실 미지의 장소를 가장 먼저 탐험했다는 것은 'First' 라는 수식어도 붙지만, 무엇보다도 나의 도전과 열정에 나 스스로 보답을 한 거라고 보기 때문이지.

그래서 아직도 당시의 상황이 꼭 어제처럼 생생하게 기억이 되살아나.

"그런데 제가 알기로는 수학 문제 증명이 맞는지 틀렸는지 검사하는 것 또한 시간이 많이 걸리던데요. 거의 몇 년 걸리는 것도 있다면서요?"

그래, 맞단다. 우리의 작업이 진정 맞았는지를 검증하는 작업이 있었지. 그 와중에 컴퓨터 프로그램에서 몇 가지 오류도 있었단다. 하지만 사소한 부분으로 간주되어 금방 오류를 수정했단다. 결국에는 다른 연구팀들이 프로그램과 컴퓨터의 증명 작업을 체크한 후 이상이 없다는 것을 증명해 주었단다. 이제 정말로 증명이 끝났지.

"그런데 증명을 확인한 사람들이 수학자만 있었던 건 아니었겠죠? 사실 컴퓨터 도사 아니면 모르겠어요."

그 때문에 수학자들 내부에서는 아직도 4색 정리를 새롭게 증명하려는 시도가 있단다.

"증명된 문제를 새로 증명한다고요? 그런 시간 낭비를 왜 하죠? 증명이 됐는데 말이에요."

증명은 하나만 있는 게 아니란다. 너희들이 잘 알고 있는 피타

고라스의 정리 또한 그 증명 방법이 100가지가 넘는단다. 증명된 걸 또 다른 방법으로 증명하는 것 또한 수학의 발전을 이루는 중요한 밑거름이 되지. 특히 4색 정리는 더욱더 그렇단다.

"왜요? 무슨 문제가 있나요? 혹시 켐페처럼 증명이 틀린 걸로 판명됐나요?"

Oh, No! 증명은 맞았어. 하지만 그 증명을 바라보는 시각은 의외로 회의적이었지. 수학자들은 실망감을 감추지 않았어.

'제 관점으로 볼 때, 이 증명은 결코 수학이 아닙니다.'

'신은 우리에게 이처럼 끔찍하게 증명되게 하지는 않을 겁니다.'

'이건 증명이 아니라 전화번호부입니다.'

수학자들이 우리의 증명에 대해 평가했던 말들 중 일부란다.

"너무한 거 아닌가요? 그래도 무지 고생하며 증명했는데……."

하지만 그들의 실망은 꽤 컸어. 그리고 나도 그들의 실망을 충분히 이해한단다. 풀리지 않았던 문제가 풀렸을 때, 우리는 가장 먼저 문제를 풀 수 있는 키포인트가 무엇인지를 보게 되지. 그리고 그것을 비슷한 다른 문제에 적용해 보지. 그리고 다른 문제가 풀리면 또 다른 문제에도 적용하지. 이렇듯 미해결 문제를 푼다는 것은 단지 증명이 끝났음을 의미하는 것이 아니라, 새로운 미

개척지를 본격적으로 탐험할 수 있는 기회가 열렸다는 것을 의미해. 그런데 4색 정리의 증명은 그들에게 전혀 키포인트를 제공해 주지 않았어. 증명은 10000줄이 넘는 코딩과 2000개의 그래프로 꽉 차 있었으니까. 그리고 나조차도 4색 정리의 증명을 너희들에게 직접 보여줄 수 없다는 문제점이 있어.

때문에 아직도 4색 정리를 연필과 종이만으로 해결할 수 있다고 믿는 수학자들도 있어. 나 또한 그들의 시도에 도움을 주고 싶단다. 그 속에 들어 있는 아이디어는 분명 우리의 증명보다 훨씬 우아하고, 넋이 나갈 정도로 아름다울 테니까 말이다. 어쨌든 이제 수학에서도 인간의 논리와 기호, 그리고 수학적 규칙으로 증명을 하는 것에서 한 걸음 더 나아가 컴퓨터 기술을 사용하여 증명하는 것이 더 적절한 경우도 있음을 인정해야 할 때가 온 것이라고 믿는다.

여덟번째 수업 정리

❶ 다섯 이웃 정리

모든 평면 지도에는 인접한 나라가 다섯 개 이하인 나라가 반드시 한 개 이상 존재합니다. 마찬가지로 모든 평면 그래프에는 뻗어 나가는 변의 개수가 5개 이하인 꼭짓점이 반드시 한 개 이상 존재합니다.

❷ 용어 해설

① 최소 범인 지도minimal criminal

- 최소 범인 지도는 4색만으로 색칠할 수 없는 지도입니다.
- 최소 범인 지도보다 나라의 개수가 적은 모든 평면 지도는 4색만으로 충분히 색칠이 가능한 지도입니다.

② 축소 가능한 배열reducible configuration

나라의 개수를 축소시켜 최소 범인 지도가 될 수 없게 하는 배열을 말합니다. 이 배열을 지도의 일부분으로 사용한 모든 지도는 4색 이하의 착색수를 갖습니다.

③ 불가피한 배열의 집합unavoidable set of reducible configura-tions

모든 지도에서 등장할 수밖에 없는 배열들을 원소로 갖는 집합을 말합니다.

❸ 4색 정리의 증명은 불가피한 배열의 집합에 속하는 모든 원소가 축소 가능한 배열임을 보이는 것입니다.

❹ 4색 정리는 이제 수학에서도 인간의 논리와 기호, 그리고 수학적 규칙으로 증명을 하는 것에서 한 걸음 더 나아가 컴퓨터 기술을 사용하여 증명하는 것이 더 적절한 경우도 있음을 인정해야 할 때가 온 것임을 보여 주는 중요한 전환점이라고 생각합니다.

색칠 문제

4색 정리를 이용해 실생활의 문제들을 해결한 경우에 대해서 알아봅니다.

아홉 번째 학습 목표

그래프의 색칠 기법을 이용하여 실생활 문제를 해결할 수 있습니다.

우리가 이 4색 정리를 풀면 무언가 수학이나 과학에 큰 발전을 이뤄야 하는 게 정상이겠지? 그럼 4색 정리 때문에 발전한 학문은 어디일까? 과연 지도 제작하는 곳에서 4색 정리를 반겼을까?

"처음엔 그렇지 않았을까요? 색깔의 수가 적을수록 돈이 덜 들 것 같은데요."

그런데 불행히도 지도 제작에서는 4색 정리에서 색칠하는 원칙, 그러니까 인접해 있는 국가는 다른 색으로 칠하는 원칙만 갈을 뿐 다른 부분에선 많이 다르단다. 실제 지도에서는 대륙이 있으니 연결 그래프는 아니고, 또 바다도 있는데다가 결정적으로 한 나라가 연결되지 않은 채 두 동강 나 있는 경우도 있단다. 이 경우에는 그래프로 변환 자체가 불가능하지. 결정적으로 좀 더 깔끔하고 미학적으로 보이려면 4색은 최소일 뿐 최적은 아니란다. 적어도 6색은 써야 지도가 깔끔해진다고 하던데 물론 과학적으로 밝혀진 것은 아니란다.

"그럼, 이걸 증명해서 써먹는 곳이 없잖아요? 게다가 4색 정리의 증명은 안타깝지만 현재 인간의 두뇌 활동과 논리적 사고로 이뤄진 게 아니라 컴퓨터 사용의 의의 말고는 증명 기법의 파급 효과도 거의 없었다고 했잖아요."

그렇다고 볼 수 있나? 그런데 4색 정리의 파급은 그 결과보다는 과정에 있었어. 사실 증명되기 이전에도 4색 정리는 참으로 여겼으니까. 중요한 것은 그것을 증명하는 과정에서 사용했던 도구의 발견과 숙련도였단다. 게다가 4색 정리에서 사용된 조건은 크게 본다면 어떤 사물을 다르게 색칠하라, 즉 다른 속성이나 이름을 주는 걸로 해석할 수 있는데 이를 실생활에서 부닥치는 문제 중 이른바 '멀리 두는 문제' 해결에 결정적인 도움을 주었단다. 좋은 예가 뭐가 있을까……. 옳지, 이게 좋겠다.

지금부터 문제를 잘 듣고 요구하는 대로 답을 만들어 보아라.

"네."

"설마 지도 색칠 또 하는 건 아니죠?"

동아리 회의 시간표 짜기

우리 반에는 6개의 동아리가 있는데 한 명이 여러 개의 동아리를 가입할 수도 있기 때문에 2개 이상의 동아리에 가입해 있는 친구도 있다.

그런데 선생님께서 학교 동아리 행사 때문에 각 동아리는 모임을 개최해서 행사 계획을 짜라고 하셨는데, 토요일 오전 4시간안에 모든 회의를 끝내라고 하셨다. 게다가 반드시 모임에는 모든 동아리 회원이 다 참석해야 한다고 한다. 두 개 이상 동아리에 가입한 학생들을 조정해야 하는데 방법이 없을까? 과연 우리는 오전 4시간만으로 6개 동아리 모두 회의를 마칠 수 있을까?

다음은 동아리별로 공통으로 소속되어 있는 회원이 있는지 없는지를 나타내는 표이다. 0은 공통으로 소속된 회원이 없다는 뜻이고, 1은 있다는 뜻이다.

	음악반	미술반	체육반	영어반	독서반	만화반
음악반	0	0	0	1	0	1
미술반	0	0	1	0	0	1
체육반	0	1	0	1	1	0
영어반	1	0	1	0	0	1
독서반	0	0	1	0	0	0
만화반	1	1	0	1	0	0

문제가 이해되니?

"그러니까 6개의 동아리가 1시간 동안 모든 회원이 다 모여서 모임을 다 할 수 있는가, 이걸 따져야 되네요."

"그런데 표가 복잡한데 좀 더 설명해 주세요."

그러마. 예를 들어 음악반과 미술반에 함께 가입한 회원이 있는지 알려면 우선 왼쪽에서 '음악반'을 찾아 왼쪽에서 오른쪽으로 선을 긋고, 또 위쪽에서 '미술반'을 찾아 위에서 아래로 선을 그으면 만나는 칸이 존재하지? 표에는 그 값이 얼마지?

"어…… 0이에요."

그러면 음악반과 미술반에 동시에 가입한 친구는 없나 보구나.

	음악반	미술반	체육반
음악반	0	0	0
미술반	0	0	1

"그런데 왼쪽에서 '미술반', 위쪽에서 '음악반'을 찾고 아까처럼 해도 되나요?"

물론이란다. 자세히 보면 대각선을 중심으로 수들의 배열이 대칭을 이루고 있을 거야. 물론 왼쪽 위에서 오른쪽 아래로 그은 대각선 말이다. 왜 그런지 한번 생각해 보기 바란다. 이제 표를 이해했니?

"네, 어떻게 만들었는지 알겠어요. 게다가 대각선 위에는 모두 0이군요. 같은 모임에 동시 가입할 수는 없으니까 그렇겠네요."

잘 봤다. 그래 너희들은 4시간으로 6개의 동아리가 문제없이 회의를 할 수 있을 거라 생각하니?

"글쎄요, 모든 동아리들이 서로 얽혀 있어서 불가능해 보이는 걸요?"

"4시간이 다 필요하지 않을까요?"

그렇게 생각이 들겠지? 최대한 같은 시간에 회의를 하는 동아리가 많으면 4시간에 모임을 할 수 있겠지. 그런데 두 동아리가 같은 시간에 회의를 하려면 무슨 조건이 필요할까?

"당연히 두 동아리에 동시에 가입한 친구가 없어야겠죠?"

그렇지. 반대로 두 동아리가 같은 시간에 회의를 할 수 없다면, 그건 무엇 때문이지?

"반대 아닌가요? 중복해서 가입한 친구가 있어서겠죠."

그럼 위에서 중복해서 가입한 친구가 있는지 없는지를 표 안의 수 '1'로 본다고 했잖아? 예를 들어 미술반과 체육반은 1이니까 두 동아리에 동시에 가입한 친구가 있다는 거고, 그러면 미술반과 체육반은 함께 모임을 못 하고 '멀리' 있어야겠지.

이 문제는 전형적인 '멀리 두기' 문제란다.

'멀리 두기' 문제를 푸는 방법은 그래프의 꼭짓점 색칠을 본질적으로 서로 다른 속성을 갖도록 하는 거란다. 그러니까 두 개체가 연결되어 있으면 두 개체는 다른 속성을 가져야 하는 거지. 때문에 멀리 있어야 할 개체를 서로 연결시켜 놓은 다음, 연결되어 있는 꼭짓점끼리는 다른 색으로 칠하는 '색칠 문제'로 바꿀 수 있지.

“그때 꼭짓점은 무엇이고, 변은 무엇인지 결정해야겠네요?”

그렇지. 꼭짓점은 색칠할 대상, 즉 멀리 둘 필요가 있는 대상들이 있는 모임이 되겠지. 여기서는?

“네. 동아리가 되겠네요. 그러니까 꼭짓점의 개수는 6이군요.”

맞단다. 그럼 각 동아리 사이에 변은 어떻게 이을까?

“멀리 있어야 할 동아리들 사이에 변이 있어야 하니까 중복한 회원이 있는 동아리끼리 연결하면 되겠어요. 그다음 색칠하고……. 이 문제가 이렇게 풀리네요.”

그럼 한번 풀어 볼래?

“다 그렸어요.”

	음악반	미술반	체육반	영어반	독서반	만화반
음악반	0	0	0	1	0	1
미술반	0	0	1	0	0	1
체육반	0	1	0	1	1	0
영어반	1	0	1	0	0	1
독서반	0	0	1	0	0	0
만화반	1	1	0	1	0	0

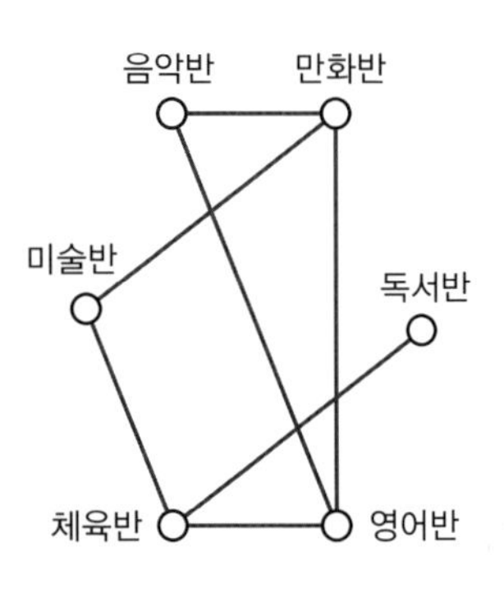

수고했다. 이제 몇 가지 색으로 색칠이 가능한지 알아볼까?

"네, Welch-Powell의 알고리즘을 이용하면 되죠? 우선 차수가 높은 것부터 나열하면 만화-체육-영어-음악-미술-독서이고요. 만화에 빨간색을 칠하고, 그다음 체육에 빨간색을 칠하면, 나머지는 빨간색이 되면 안 돼요. 그다음 영어에 파란색 칠하고, 미술, 독서에도 파란색 칠한 다음 음악에 노란색을 칠하면 모두 3색으로 색칠이 가능해요. 그러니까 3시간이면 충분해요. 4시간까지 안 가도 되겠어요. 이걸 모임 시간으로 다시 써 봤어요.

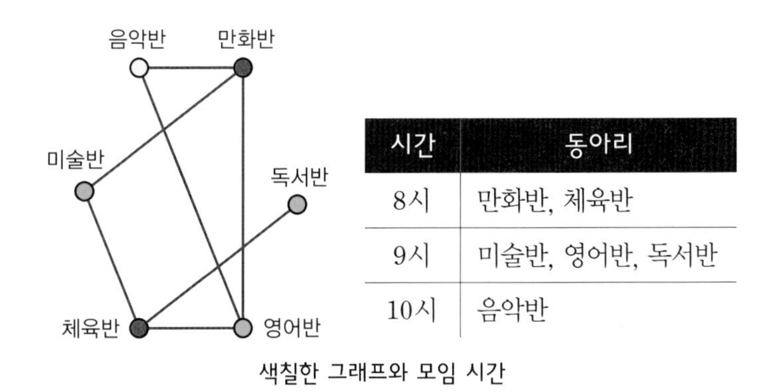

시간	동아리
8시	만화반, 체육반
9시	미술반, 영어반, 독서반
10시	음악반

색칠한 그래프와 모임 시간

"마지막 시간에는 1팀밖에 없네요. 9시에 있는 반 중에서 하나를 10시로 내렸어요."

시간	동아리
8시	만화반, 체육반
9시	영어반, 독서반
10시	미술반, 음악반

그것도 좋겠다. 어쨌든 서로 겹치지 않아야 할 동아리들은 다 피했구나. 이렇게 우리 주변에서 일어나는 '멀리 두기' 문제들은 대부분 그래프의 색칠 문제로 바꿔서 쉽게 해결할 수 있단다. 하지만 알고리즘은 정확한 답을 주지만 실제로 색칠이 되는 방법의 수는 하나가 아니란다. 당장 위의 예를 보아도 3색으로 색칠가능한 방법이 한 가지가 아니라는 것을 알겠지? 그중에서 최선의 모양, 최선의 계획을 세우는 것이 모두 우리 인간의 몫이란다. 컴퓨터는 단지 우리가 결정할 수 있는 모델을 제시해 주는 것이고.

아홉번째 수업 정리

4색 정리에서 사용된 조건은 크게 본다면 어떤 사물을 다르게 색칠하라, 즉 다른 속성이나 이름을 주는 걸로 해석할 수 있는데 이를 실생활에서 부닥치는 문제 중 이른바 '멀리 두기' 문제 해결에 결정적인 도움을 줄 수 있습니다.

튜브에 그린 지도는 최소한 몇 가지 색이 필요할까?

구球나 튜브에 그린 지도를 색칠하는 최소의 수는 몇 개일까요?

열 번째 학습 목표

1. 평면이 아닌 곳에 그린 지도는 최소 몇 가지 색이 필요한지 알아봅니다.
2. 튜브를 평면에서 구현하는 방법을 이해하고, 튜브 위에 지도를 그릴 수 있습니다.

미리 알면 좋아요

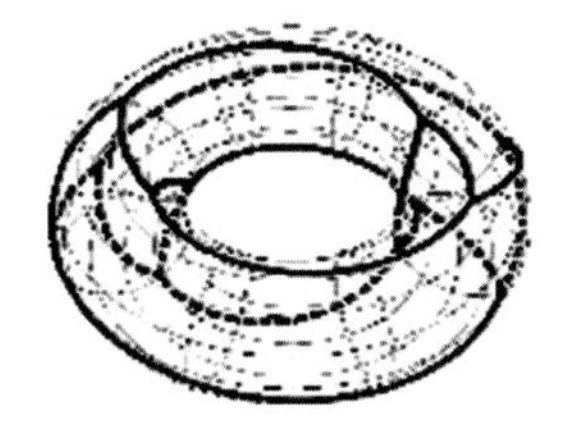

토러스Torus 평면 위에 있는 원을 원의 내부와 교차하지 않는 평면 위의 직선을 축으로 회전하였을 때에 만들어지는 3차원 도형의 곡면을 말합니다. 흔히 튜브, 도넛이라고도 합니다.

어느덧 우리들의 만남도 마지막이 시간이 되었구나.

"벌써 그렇게 됐나요?"

"그러고 보니 정말 많은 걸 듣고 배웠어요. 그래프, 4색 정리의 증명 과정, 그래프의 착색수, 그리고 시간표 짜기……. 이걸 다 소화시키려면 며칠이 걸리겠어요."

하하, 시간은 많다니까. 이번 시간에는 역시 최소 색의 개수를 구하는 문제야.

"그건 앞서 했던 것 아닌가요? 4색이면 충분하다고 했죠."

그랬지. 평면에 그린 지도의 경우엔 그랬지. 그런데 일반적인 그래프의 경우에는 착색수가 5 이상인 경우도 있었지?

"네. 그래서 착색수가 5 이상인 그래프는 평면 그래프가 아니라고 했죠."

이번 시간에는 지도를 평면이 아닌 다른 곳에 그리려고 해. 사실 우리가 사는 이 지구는 평면이 아니라 둥근 공 모양이지. 만약에 공 위에 지도를 그린다면, 그러니까 지구본에 그려진 지도를 서로 인접한 나라끼리는 다른 색으로 색칠하려고 할 때, 과연 몇 가지 색이면 나라들을 구별하여 색칠할 수 있을까?

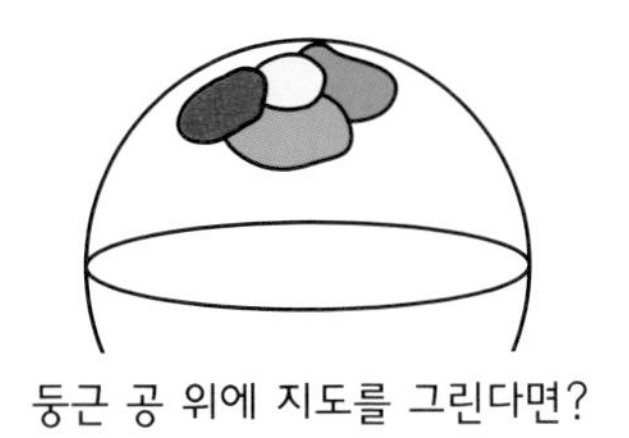

둥근 공 위에 지도를 그린다면?

"글쎄요, 여전히 4색인가?"

"몇 개를 해 봤는데 4색 이상 필요한 지도가 생기지 않네요. 구에서도 4색이면 충분한가요?"

공 위에 그린 지도를 서로 구분하여 색칠하는 최소색 수 문제는 1976년 평면 지도가 증명되면서 자연스럽게 증명이 완료되었단다. 공 위에 그린 지도와 평면에 그린 지도의 경우 필요한 최소 색 수는 4색으로 동일하단다.

"자동으로 증명되었다고요? 지금까지 증명한 것은 평면 지도만 했잖아요?"

"중간에 우리가 놓쳤던 부분이 있었나?"

공 위에 그린 지도를 직접 증명하지는 않았어. 수학자들은 공 위에 그린 지도와 평면에 그린 지도가 딱 들어맞는다는 것을 증명했지. 물론 평면에서 외부의 면도 나라라고 간주하면 말이다.

"어떻게요? 공이랑 평면은 다르지 않나요?"

공과 평면과의 관계는 '투사 기법'으로 쉽게 이해할 수 있단다. 다음 그림을 보렴.

공 위의 지도

그림처럼 지구본을 평면 위에 두자. 지구본의 북극에는 아주 강력한 빛을 발하는 물체가 있고, 지구본은 투명하다고 생각해 봐. 그리고 나라들 사이의 국경선은 빛이 통과 못하고 색칠된 나라들의 색은 그대로 통과된다고 하면, 과연 평면에는 어떤 모양의 그림이 생길까 생각해 보자. 그림자가 곧 지구본 위의 국경선인 게지. 그리고 셀로판지를 통과한 것처럼 지구본 위의 색은 그대로 평면에도 똑같이 칠해지겠지. 왜 평면 지도와 공 위의 지도가 본질적으로 같은 색 수를 갖는지 알겠지?

"와, 그러네요. 그런데 북극을 갖고 있는 나라는 어떻게 되죠?"

북극을 포함한 나라는 평면에서 외부의 면이 되지. 지구본 위에는 얼마 안 되는 크기라도 북극을 포함했다면 평면에서는 엄청나게 큰, 아니 그 크기가 무한히 큰 광대한 면을 갖는 나라가 되지. 이 기법을 이용하여 만든 지도가 '메르카토르' 지도란다.

"그러네요. 교실에 세계 지도가 있는데요, 이런 모양이에요. 담임선생님께서 이 지도는 북극이나 남극으로 갈수록 땅덩어리가 커진대요. 그러니까 그린란드가 아프리카만큼 크지만 실제로는 그린란드가 무지 작다고 그러더라고요. 이유는 그린란드가 북극에 가깝게 있기 때문이라고 했어요."

메르카토르는 바로 이 투사 기법을 적절하게 사용한 지리학자

이자, 지도학자이지. 지도를 그린 원리는 그림자를 비춰 상을 얻어 내는 투영법이란다. 메르카토르의 지도는 평면 지도이니까.

"그렇군요. 또 어디에 색칠하실 건가요?"

그럼 공간은 어떨까? 예를 들어 블록 쌓기를 생각해 보자. 블록 하나마다 자신의 영역을 공간에 만들지? 블록의 겉을 경계선으로 두고 그 내부를 나라로 생각하는 거야. 그럼 몇 가지 색으로 구분할 수 있을까? 물론 블록의 모양은 꼭 직육면체가 아니어도 돼. 원기둥도 좋고 원뿔도 가능해. 아니 그보다 더 희한하게 생겨도 좋아. 단지 경계면이 있으면 돼.

"글쎄요, 공간에 아무렇게나 만들어도 되면 많이 필요할까? 그래도 몇 가지 색이면 가능할 것도 같은데……."

"역시 4색이면 가능하지 않을까요? 층마다 나무가 3개 있으니까 위층이랑 다르면 되지 않을까나?"

"주미야, 위층에도 나무가 3개잖아? 그럼 색이 5개는 필요한걸? 그런데 왠지 더 많을 것 같은데?"

하켄 선생님은 아이들이 하는 것을 지켜보았습니다.

나무 빼기 사각탑

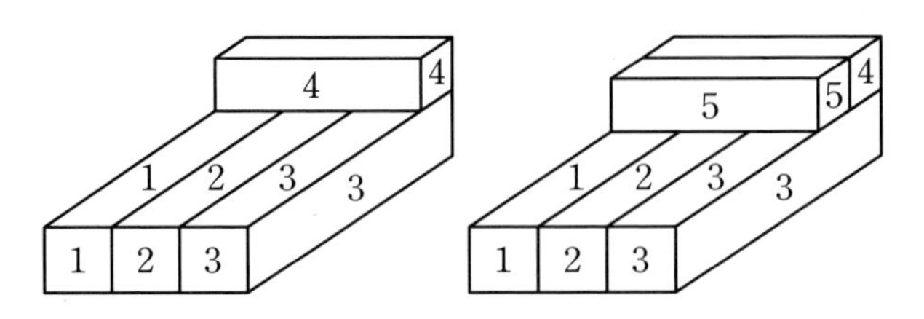

4색, 5색으로 색칠 가능한 공간 지도를 블록으로 표현

잘하고 있구나. 답은 찾았니?

"그게요. 블록을 쌓을 때마다 필요한 색이 더 많아지고 있어요. 몇 개가 필요한지 모르겠네요."

어떻게 하니까 색이 많아지고 있지?

"한 층에 블록을 10줄 놓고 그 위층에 다른 블록을 하나만 놓으면 자그마치 색이 11개나 필요해요. 그런데 10줄, 20줄 계속 놓을 수 있잖아요? 그럼 필요한 색도 점점 많아지는데요?"

4색 정리가 처음 등장했을 때 사람들은 평면 지도가 아니라 공간 지도이면 몇 색이 필요할까 궁금했단다. 하지만 이내 시들해졌지. 전혀 흥미롭지 않았던 거지. 바로 너희들이 했던 것처럼 하면 필요한 색의 수는 얼마든지 크게 할 수 있기 때문이었지. 답이 예상외로 너무 빨리 나와 버렸지. 그리고 답도 맘에 들지 않지. 반드시 몇 개만 있으면 된다가 아니라 몇 개를 갖다 써도 구분이 안 되니 재미가 없는 거야. 아주 잘 풀었구나.

"또 색칠할 곳은 없나요?"

음, 어디가 좋을까. 아, 여기가 좋겠다.

"이건 튜브잖아요?"

그렇단다. 물놀이할 때 가지고 노는 기구이지. 수학에서는 이런 모양을 토러스Torus라고 부르지. 대부분의 튜브에는 그림이 그려져 있지? 우리도 그려보는 거야. 과연 튜브 위에 그린 지도는 최소한 몇 개의 색이면 충분할까?

"여전히 4색일까? 그런데 튜브는 보이지 않는 부분도 그려야 하는데 난 공간지각능력이 떨어지는데……."

"아무래도 뒷부분을 그려야 하는데 앞부분이랑 함께 볼 수 있는 방법이 없나요? 아님 직접 튜브에다 그려야 하나……?"

역시 머릿속 튜브에 색칠하는 것은 아무래도 힘들겠구나. 수학자들이 사각형으로 튜브를 만드는 방법을 가르쳐 줄게.

하켄 선생님은 말랑말랑한 사각형 모양의 점토를 꺼내왔습니다. 그리고 점토의 가로를 둥글게 말아 붙였습니다. 점토는 구멍이 뚫린 원기둥이 되었습니다.

그다음엔 원기둥의 양끝을 붙이면……. 자 애들아 봐라. 튜브가 되었지?

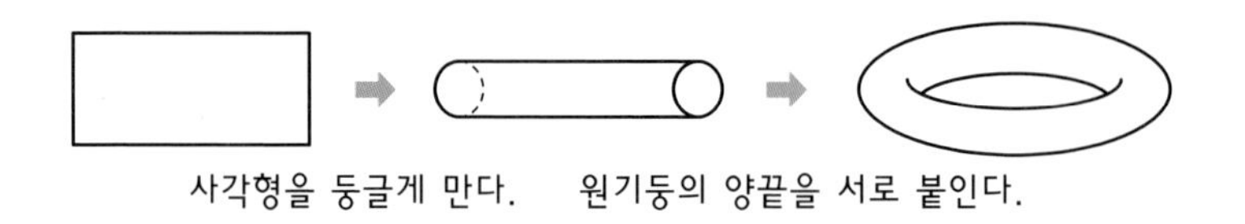

"평면으로 입체도형을 만들었군요. 신기하네요."

비록 튜브가 3차원 입체도형이지만 그 표면은 2차원 평면으로 생각하는 발상의 전환이지. 그럼 직사각형에다 지도를 그려 보자. 이때 직사각형 지도가 아니라 튜브가 될 지도이기 때문에 평면에서는 다른 나라였지만, 튜브에서는 같은 나라가 되는 경우가 있으니 조심해야 한다. 자, 힌트를 더 준다면 튜브에 그린 지도 중에는 5색 이상 필요한 경우가 있단다. 우리가 5색이 필요한 그래프를 하나 배웠지?

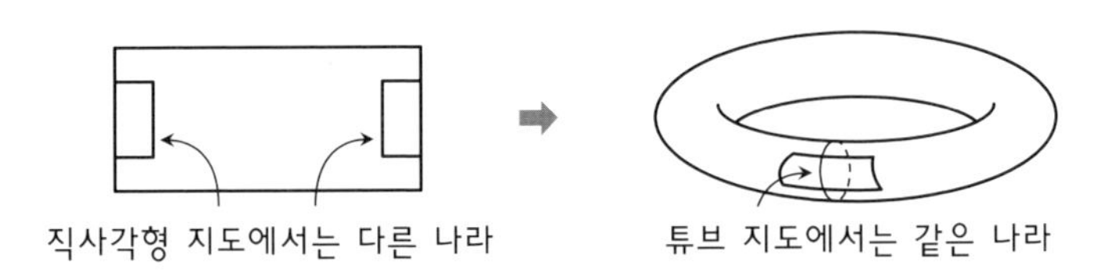

"꼭짓점이 5개인 완전 그래프 말인가요?"

그래, 그걸 튜브에 그려 보는 거야. 그런데 평면 그래프는 그래프를 변형하여 어떤 두 변도 꼭짓점이 아닌 곳에서 만나지 않도록 그릴 수 있는 그래프를 말했었지? 튜브에서도 같은 방법으로 정의한단다. 튜브 그래프는 그래프를 변형하여 어떤 두 변도 꼭짓점이 아닌 곳에서 만나지 않도록 그릴 수 있는 그래프를 말해. 이 중에는 평면 그래프가 아닌 완전 그래프도 포함된단다. 아래의 두 그림을 보렴. 둘 다 완전 그래프란다. 이전 수업에서 평면 그래프가 될 수 없는 이유로 변 C, E와 변 B, D가 만나지 않도록 할 수 없다는 거였지? 이걸 튜브에서 가능하게 해 보렴.

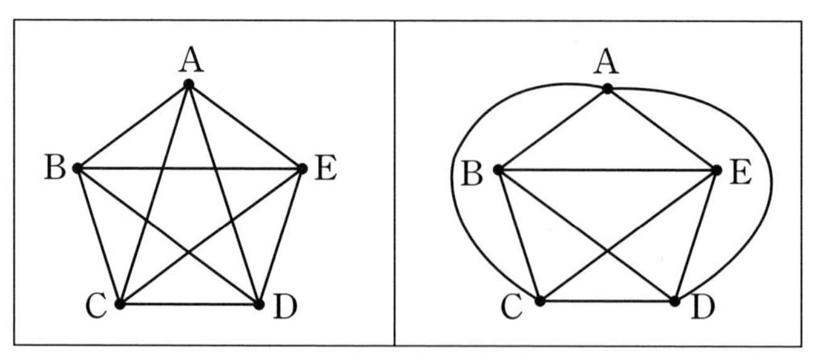

직사각형 속의 K_5

하지만 주미와 민수는 K_5를 변형하여 변이 만나지 않도록 하지 못했습니다. 아직은 직사각형과 튜브 표면과의 연관성을 찾기엔 힘들었습니다.

역시 어려운가? 사실 이 부분은 대학생들도 힘들어하는 부분이라 못해도 너무 낙심하지 마라. 이 문제의 가장 큰 핵심은 직사각형의 가로와 세로를 관통하는 변을 이용하는 거란다. 아래처럼 두 직사각형을 붙여서 생각해 보자. 사실 변 B, D나 변 C, E 중 하나를 오각형 밖으로 빼내는 게 중요한데 현재의 그래프에서는 변 A, C와 변 A, D가 둘러싸고 있어서 힘들구나. 그래서 우선 이것들부터 둘러싸지 못하도록 변형시켜 보자.

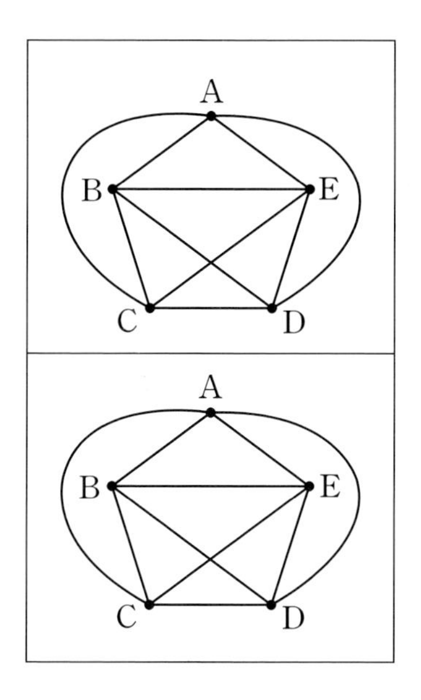

이렇게 보니 어때? 기존의 변 A, C를 없애고 A와 C를 연결해 보자. 대신 직사각형을 가로질러서 말이다. 그런데 두 직사각형은 같은 거라 보면 한 쪽에 그려지는 선은 다른 쪽에도 그려지게 돼. 그럼 이렇게 되지.

하켄 선생님은 주미와 민수에게 그래프가 튜브가 되어가는 과정을 그림으로 설명 해 주었습니다.

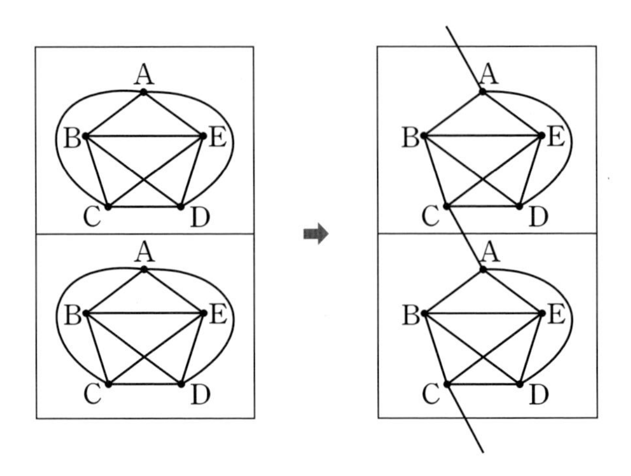

자, 둘러싸고 있던 변이 사라졌으니 이제 변 B, D를 빼내자꾸나. 역시 직사각형을 가로지를 건데 이번엔 세로를 가로질러보자. 그러면 아래처럼 되는데 이걸 도넛 모양으로 만들면 어떤 두 변도 만나지 않게 되지. 모양이 복잡하지만 완성됐지? 옆의 그림은 좀 더 예쁘게 만든 그림이란다.

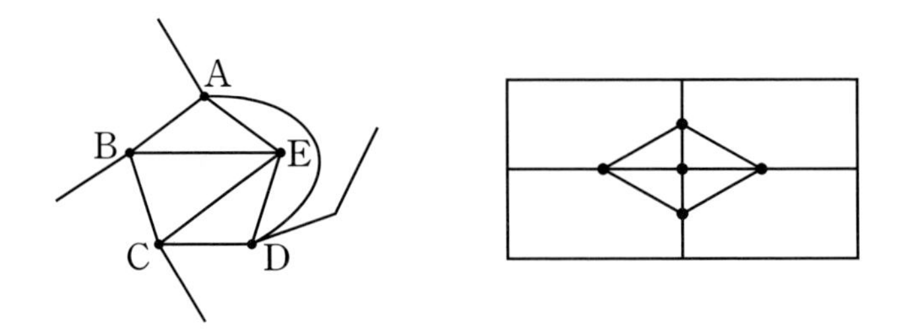

"그런데 이걸 어떻게 그리죠?"

그림을 그릴 때도 마찬가지로 직사각형의 가로는 가로끼리, 세로는 세로끼리 만난다는 걸 염두에 두고 국경선을 만들어 봐. 반지처럼 튜브를 한 바퀴 돌리는 게 지도 그리기의 핵심이란다. 아래의 지도에서 파란색과 노란색은 서로 만난다는 것, 빗금 친 지도는 실은 하나라는 걸 주의 깊게 보면 될 거야.

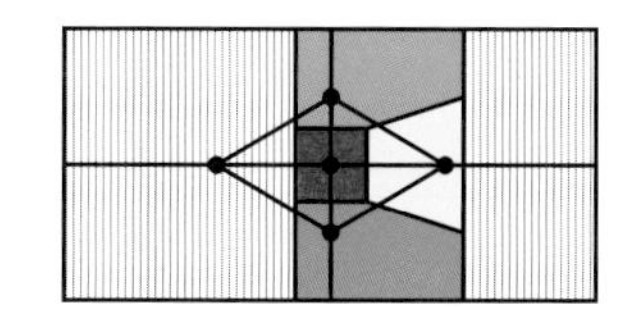

5색으로 색칠되는 튜브 위의 지도

"야~ 이걸 튜브로 만들면 진짜 5개의 색으로 구분되는 지도가 되네요. 그럼 튜브 위에 그린 지도는 5색으로 구분이 되는가요?"

아니, 실은 더 많은 색이 필요해. 튜브에는 7개의 색이 필요한 걸로 증명이 됐단다.

"7개나요? 7색 정리네요. 이것을 증명할 때도 컴퓨터를 이용했나요?"

아니. 참 희한하게도 평면 지도보다 훨씬 전에 연필과 종이만을 사용해서 증명했어. 복잡하고 어려운 문제가 더 풀기 쉬웠던 게지. 아래 그림은 7색을 이용한 지도의 예란다. 지도 제작에 독특한 기술이 사용됐지.

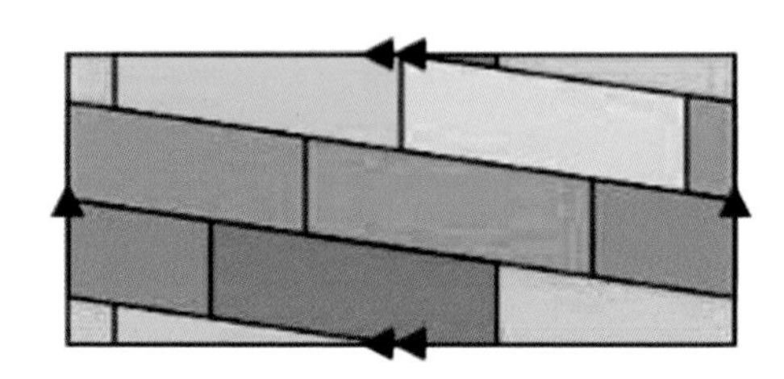

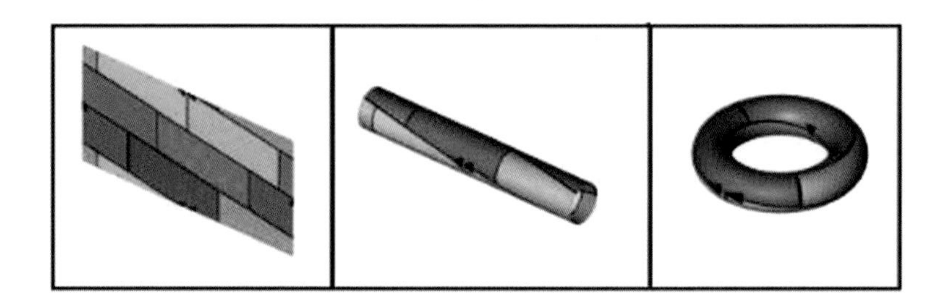

우리가 꽤 많은 시간동안 얘기를 했구나. 어느덧 도서관 문을 닫을 시간이야.

"너무 재미있었어요. 중간에 이해가 안 되는 것도 있지만 신기한 것을 많이 배웠어요."

"맞아요. 지도에 색칠하는 간단한 작업에서 이렇게 심오한 수학 얘기가 나올 수 있다는 게 참 신기해요."

지도에 색칠하는 단순한 작업에서 생각할 문제를 뽑아내는 건 수학자들만의 특징이지. 그리고 지금은 이해가 안 되는 것들도 계속 수학을 배우고, 실력을 쌓다 보면 어느새 나와 얘기했던 것들이 이해가 될 때가 올 거야.

"네. 이젠 사소한 것들도 그냥 지나치지 말아야겠어요. 혹시 알아요? 제가 미해결 문제를 발견할지."

"에구, 학교 수학 시간에 졸지나 마셔~."

하하, 어쨌든 너희들을 만나서 반가웠다. 그리고 미해결 문제다 싶음 재빨리 공부해서 풀어 버려. 하지만 안 풀리면 주위의 친구들이나 선생님들에게 꼭 물어 보고. 공부는 혼자 끙끙대면서 하는 게 아니라 함께 하면서 서로가 끌어 줄 때 두 배 세 배 더 효율적이란다. 이제 그만 일어나자꾸나.

주미와 민수는 하켄 선생님과 함께 도서관을 나섰습니다. 어느새 날이 지고 있었습니다.

열번째
수업 정리

❶ 구면 위에 그린 모든 지도는 평면과 마찬가지로 4색만 있으면 충분히 색칠 가능합니다.

❷ 완전 그래프 K_5는 평면 그래프는 아니지만 튜브 그래프입니다.

❸ 튜브 위에 그린 모든 지도는 7색만 있으면 충분히 색칠 가능합니다.